ウソを見破る統計学

退屈させない統計入門

神永正博

ブルーバックス

●カバー装幀／芦澤泰偉・児崎雅淑
●カバー・本文イラスト／大葉リビ
●本文デザイン／土方芳枝
●図版／フレア

はじめに

もあ　こんにちは！　もあです。都内のマンモス大学で経済学を勉強しています。今2年生で、麦酒研究部というサークルに入ってます。

譲二　こんにちは。素呂須譲二《そろすじょうじ》、もあの父です。某国立大学工学部で統計を教えています。専門は数学、趣味は金融工学を応用した株式投資です。どうぞよろしくお願いします。

もあ　大学の統計の講義って退屈。どうにかなんないの？

譲二　講義っていうのは、多少は退屈なのは仕方ないよ。映画みたいに90分、息もつかせぬ面白さ、ってわけにはいかないよ。

もあ　そこまでは言わないけど、いったい何のためにやってるのかくらいは言ってほしい。突然、○○検定とか××推定とかが出てきても試験前に覚えるだけで、虚しいものがあるんだな～。

譲二　いや、何のためにやってるのかくらいは、講義でも説明してるんじゃないかな。

もあ　それが、結局は計算の話になってさ。

譲二　あ〜、あるある。僕にもよくあるね。じゃ、講義と並行して、何かとっつきやすい入門書を読めばいいんじゃないの？　たくさん出てるでしょ。

もあ　それが、「統計学の入門」みたいな本は、すでに難しいわけよ。講義とおんなじ。

譲二　他にもあるだろ。ブルーバックスにも『統計でウソをつく法』っていう本があるじゃないか。これを読めばいいと思うよ。

もあ　たしかにすごく楽しいんだけど、そこから実際の統計学入門までには深〜い谷があるわけ。

譲二　そう言われると、そんな気がするね。数学者の立場からすると、そのあたりがいちばん説明しづらいからね。数式はあまり本格的に使えないし。

もあ　そこを何とか。そこがほしいんだよね。

譲二　でも、統計を使うだけならソフトウェアも発達してるし、「エクセルで学ぶ統計」みたいな感じの本を見ながらやってみればいいじゃないか。

もあ　私もレポートでずいぶんお世話になったけど、なんかさ、一抹の不安ってのがあるわけよ。何にも分からないまま答えだけ出てくるとさ。

譲二　計算の原理は、やっぱり数学が必要だよ。

もあ　でも、難しすぎる。とくに微分だ積分だって話はけっこうしんどい。私も高校では微積分、やらなかったから。

譲二　はは。まあ、そういう人が多いだろうね。

もあ　だから、結局丸暗記。

譲二　教育は難しい。

もあ　計算を全部追うところまではいいから、意味を理解して頭に入れたいわけ。たんなる入門書とかノウハウの本じゃなくて、読むだけで統計の素養やセンスが身に付くような本！

譲二　そのためには、計算はともかく、数学のエッセンスだけは伝える必要があるかな。なぜこんなことをやるのか、なぜあんな式が出てくるのか。それに、実際の現象について雑学的に知っていることも意外に役立つ。統計は応用と結びつくと、ぐっと面白くなるからね。統計学はまだ発展中の学問だから、今どのあたりが分かっていないか、っていう話もあるといいかも。

もあ　お父さんには、それをお願いしたい！

譲二　挑戦しがいがありそうだね。やってみるか。

もあ　よろしくお願いしますです。

ウソを見破る統計学 目次

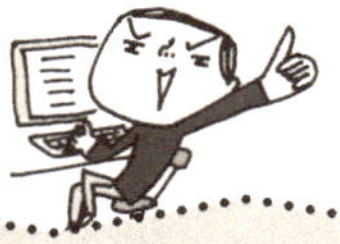

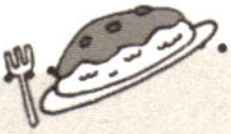

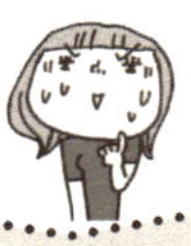

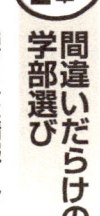

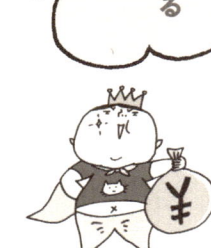

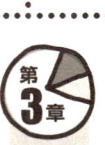

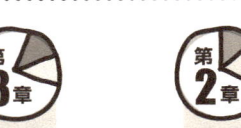

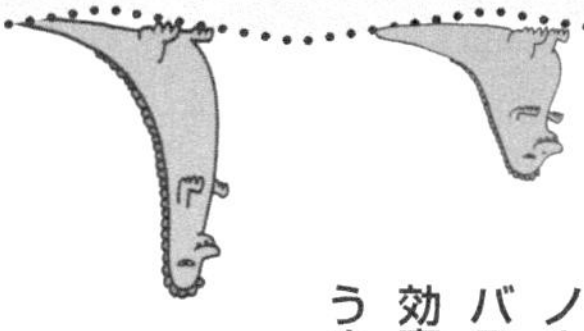

第5章 テストの合否を推定せよ 55

第6章 投資でウソをつく法 75

第2部 隠れた関係をあぶりだす

第7章 麦酒研究部はB型王国 91

¥7億

一人ぐらしの

第3部 統計の深遠なる世界

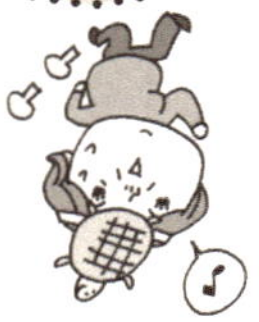

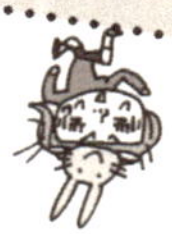

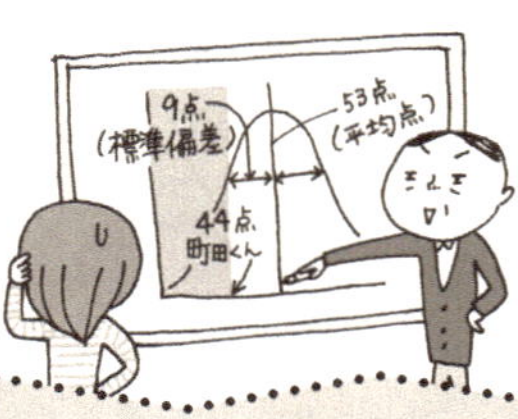

9点(標準偏差)
53点(平均点)
44点 町田くん

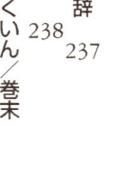

第1部

統計の基本にストーリーあり

第1部では、統計学で必要となる基本的な事柄を見ていきます。たとえば、平均値、中央値、公表されているデータの見方、分散・標準偏差、正規分布など。これらの身近な例に、知っておくと役立つ話を織り交ぜてみました。統計学の教科書において、暗記すべきだと思われている知識の背後には、じつは深い物語が隠されているのです。

第1章　ボーナスが高い会社を狙え

国立大学で統計を教える素呂須譲二。家族は妻・真音《まね》と大学2年生の娘・もあ（20歳）。譲二が大学からもどると、娘・もあが息を弾ませて階段を駆け下りてきた。

もあ　ねぇお父さん、サラリーマンブラザーズ証券ってすごいよね。ボーナスの平均が7000万円だって。ボーナスだけで、お父さんの年収の何倍？　8倍くらい？

譲二　おい、やけにリアルな比率だな。なんでも俺の給料を基準に考えるなよ。大学教員の俸給表はガラス張りで嫌だなあ。迷惑だ。

もあ　平均の半分だとしても3500万円。いいな、サラリーマンブラザーズ。

譲二　名前がいかがわしいなぁ。サラリーマン兄弟じゃ、いかにも儲からなさそうじゃないか。

もあ　そんなことないよ。サラリーマンの兄弟が、一念発起して作った会社なんだって。すごい勢いで成長して、今じゃ就職人気ランキングの1位。私も受けてみようかな。

譲二 やめておいたほうがいいよ。

もあ でも、7000万円には心が動くなぁ。これってボーナスだから、その他も入れたら軽く1億円超すよね。年収1億円なんてすごいじゃん。

譲二 そんなにもらえないから、たぶん。

もあ まさかぁ。その半分でも？

譲二 たぶんもらえないね。だってさ、「平均」だろ。

もあ 平均だよ。ってことは、社員の半分がボーナス7000万円以上ってことでしょ？

譲二 いや、全然そんなことはないと思うぞ。

もあ なんでよ。個々の値は平均の近くに散らばるんでしょ？ それくらい私にだって分かるよ。経済学部なんだから。

譲二 学部はともかく、この場合はそうならないんだ。なぜかというと、投資会社っていうところは、トレーダーみたいな職は歩合制で、ものすごい高額を稼ぐだろ。10億円稼いだら、報酬は5割の5億円みたいな仕事なんだから。

もあ いいじゃん。しかも、7000万円よりも高いじゃん、今の例だと。

譲二 いや、そういう人がごく少数いるだけで、ボーナスの金額がものすごく大きくなるだろ。

100万
100万
100万
100万
100万
¥7億
AVERAGE?

もあ　うーん。そうかなぁ……。

譲二　たとえばの話、社員が10人いて、９人のボーナスは１００万円だけど、１人だけ7億円のボーナスをもらってたらどうなる？　10人のボーナスを平均したら、ざっくり７０００万円になるよ。平均っていうのは、そういうものなんだ。

もあ　ちょっと極端じゃない？

譲二　まぁ、これは極端な例だけど。でも、実際そういう世界なんだよ。かつて天才トレーダーといわれたラリー・ヒリブランドなんて、最盛期の平均年収がなんと30億円だった。だから平均だけ見ても仕方ない。現実とはずいぶん違う可能性が高いよ。大多数は、７０００万円にはほど遠い金額しかもらっていないはずなんだ。

もあ　実態はどうすれば分かるの？

譲二　ボーナスの場合なら、たとえば１００万円刻みくらいで、その金額をもらっている人が何人（何％）いるかを見る。さっき僕が挙げた例だと、１００万円が９人、7億円が1人ということを知る必要があるね。つまり、ボーナスの分布を見ないといけないわけだ。平均みたいなひとつの数字に押し込めると、誤解を招く。平均を悪用する奴は、後を絶たないんだ。

もあ　そうかぁ。でも、儲けられる可能性だってあるんだよね？

譲二　もちろんあるよ。可能性は、常に。賭けてみなけりゃ、当たらないのは確かだ。

解説

平均のウラの顔

平均は、学校で比較的早い時期に習っていてなじんでいるはずなのに、じつに誤解されやすい概念のひとつです。

統計学はよく知らないという人でも、平均はよくご存じのはず。テストの平均点、平均身長などでおなじみのものですが、とくにお金に関してはいろいろと誤解を招きやすいのです。このエピソードの中でも、極端に稼ぐ少数の人たちが、全体の平均を大きく押し上げてしまう例が出ています。

平均は、もちろんデータの特徴のひとつではあります。ちゃんと役にも立ちます。たとえば平均身長を考えてみると、多くの人の身長が平均の近くにくることが分かります。２メートルを超えるような極端に背の高い人はあまり見かけませんし、逆に１メートルに満たない成人はごくわずかでしょう。

●外れ値

しかし、何ごとにも例外はつきものです。

現在、ギネスブック（正式にはギネス・ワールド・レコーズ）に記録されているもっとも背の高い人は、アメリカ人のロバート・パーシング・ワドローという男性です。彼は、成人してからも背が伸び続け、死亡時の身長は272センチ（体重は約200キロ）にも達していました。これは脳下垂体腫瘍のため、成長ホルモンの分泌に異常があったことによります。

この例は、統計上では「外れ値」とみなされます。統計学では、極端な値を「外れ値」として処理することがよくあります。値そのものをいわば例外と考え、データの分析対象から外してしまうわけです。

外れ値によって平均値が大きくなってしまう、典型的な例を見てみましょう。

世界最大の保険会社、AIG（アメリカン・インターナショナル・グループ）では、2008年3月、幹部社員400人に総額1億6500万ドル（当時の為替レートで約162億円）、平均で1人あたり41万2500ドル（同4050万円）にも上る巨額のボーナスを支給しました。100万ドル（約1億円）を超えるボーナスを受け取った同社の幹部は73人。最高額は640万ドル（約6億3000万円）、200万ドルを超す幹部だけでも22人というのですから驚きです。

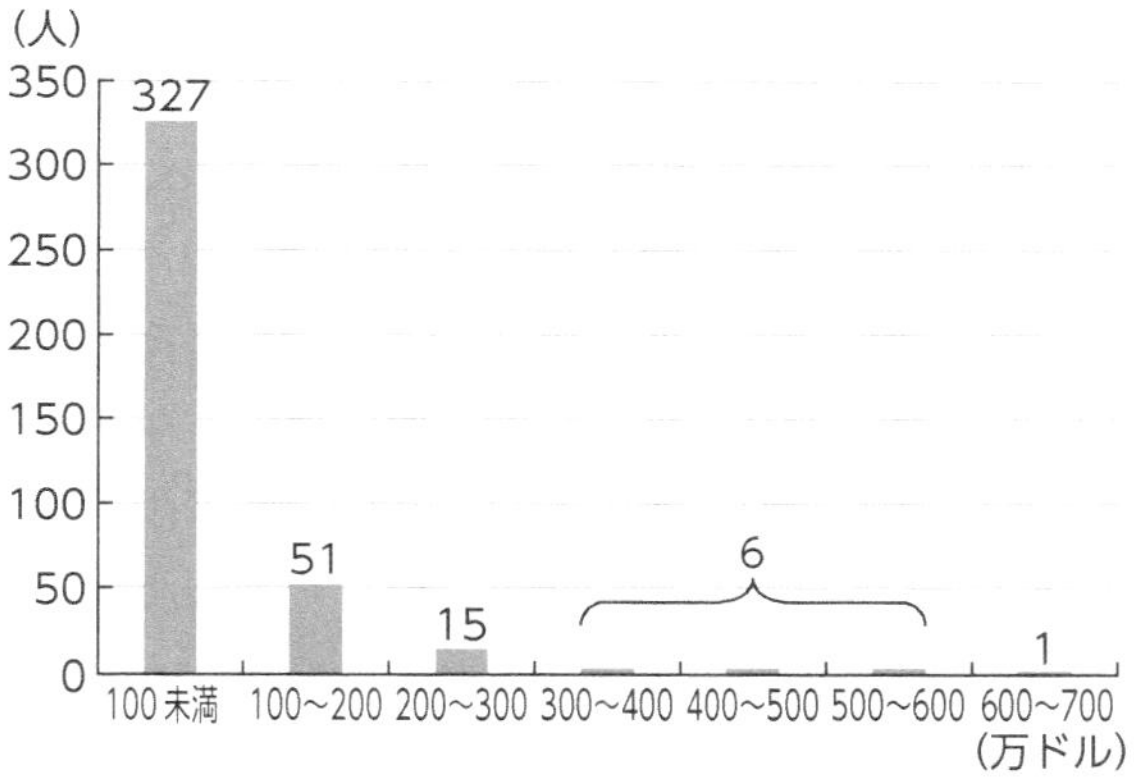

［図１・１］　AIG幹部のボーナス

さらに驚きなのは、この会社が２００９年９月以降、経営危機に陥っていたという事実です。経営危機で政府から１７３０億ドル（約17兆円）の公的支援を受けたにもかかわらず、巨額のボーナスが支給されたのです。公的資金が注入されなかったら、おそらく破綻していたことでしょう。オバマ大統領が激怒し、米国民からは大顰蹙《ひんしゅく》を買いましたが、無理もありません。

なんとも大胆な話ですが、気を取り直して、実際のボーナスの数字を注意深く見てみましょう。私が調べられた範囲では、ボーナスを受け取った幹部の内訳は図１・１のとおりでした。１００万ドルもらっていない幹部が、３２７人もいます。１００万ドルから２００万ドルの間に51人、２００万ドルから３００万ドルの間に15人、３００万ドルから６００万ドルの間に６人。そして、６００

0万ドルから700万ドルの間に1人。AIG幹部一人ひとりのボーナス額の間には、こんな差が隠されていたのです。

●100万円なんてはした金

会話編では、証券会社（正確には投資銀行）が例に挙がっていました。しかし、証券会社に限らず、欧米型企業では所得やボーナスであからさまに差をつけることが少なくないようです。

先ほどのボーナスのグラフを見ると、一般社員にとっては貴重な1万ドル（約100万円）の差など、小さすぎてよく見えないくらいです。幹部の世界では、お金の単位が違っているといってもよいのかもしれません。

この他にも、貯蓄額などを含む「金融資産額」の平均、というのも曲者《くせもの》です。たとえば、平成22年の「家計の金融行動に関する世論調査（2人以上世帯調査）」の金融資産保有額の平均値は1169万円です。ずいぶん多いなぁ、と思う人が多いのではないでしょうか。

しかし、同じく金融資産の「中央値」は500万円となっています。中央値は、「メディアン」と呼ばれることもあります。すべての世帯を金融資産額の順番に並べたとき、ちょうど半分のところの世帯の額です。もっと分かりやすい例を挙げると、ある学校で背の順に並んだとき、ちょうど真ん中に位置した子の身長も「中央値」といいます。

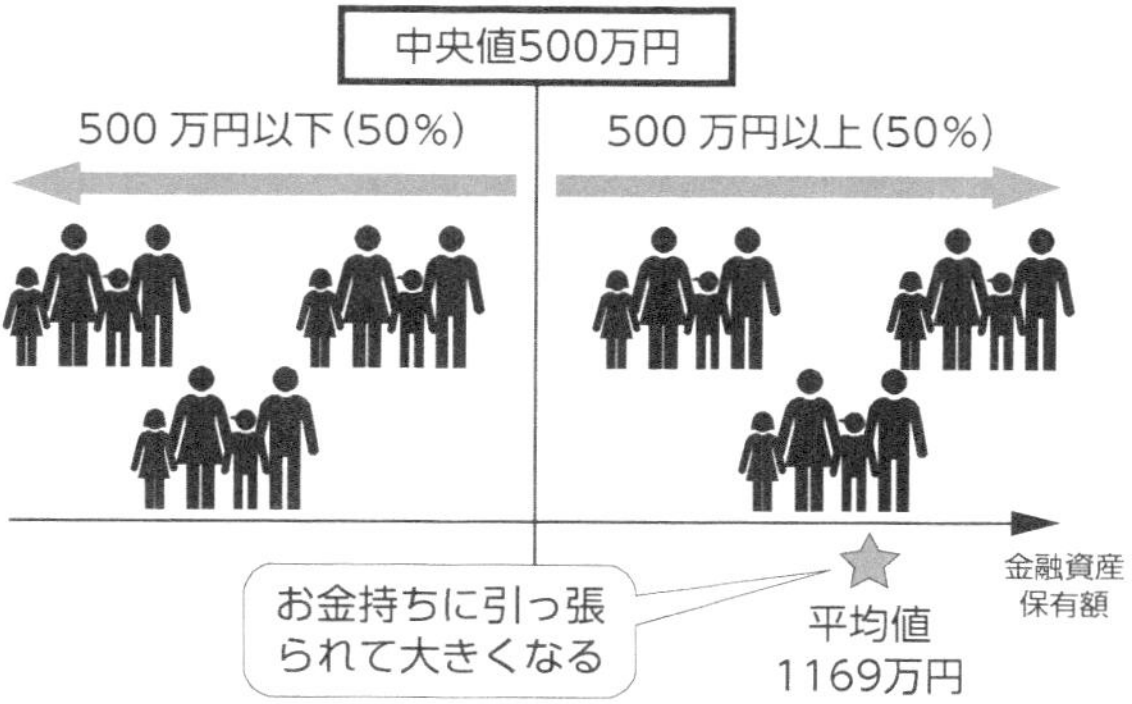

［図１・２］　平均値と中央値

つまり、中央値が５００万円ということは、「２人以上の世帯のうち、半分は金融資産５００万円以下」ということになります（図１・２）。

平均値は１１６９万円、中央値は５００万円。中央値と平均値が７００万円近く違いますね。今回の例では、一部のお金持ちが全体の平均を大きく押し上げています。「平均値の１１６９万円を境にして、ちょうど半数ずつの世帯がある」というわけではありません。「平均値以下が全体の半分」というイメージは、実際には当てはまらないことが多いのです。

このような場合、中央値のほうがより適切に状況を反映します。たとえば、ビル・ゲイツが人口１００人の村へ引っ越してきたとしましょう。彼の資産が加わることによって、その村の金融資産保有額の平均が大きく押し上がったとしても、中央値はほとんど動きません。

ちなみに先の平成22年の統計では、22・3％の世帯が金融資産を持っていません。富める人が飛び抜けて多くの資産を持っていると同時に、持たざる人も大勢いるのですね。

平均がデータの特徴をうまくとらえていない例は、たくさんあります。平均値と中央値。どちらも現実を把握するためには役に立つ指標ですが、それらだけを見ていても、現実をつかむことはできません。統計の世界では、可能な限り生のデータに近づいていくことで、現実がよりくっきりと見えてくるのです。

第1章のまとめ

(a) 極端な値のあるデータでは、平均値以下のデータがちょうど半分あるわけではありません。
(b) データを小さいほう（あるいは大きいほう）から並べたとき、真ん中の値を中央値（メディアン）といいます。
(c) 中央値は、極端に大きな値が含まれているデータでも、安定した値になります。

第2章 間違いだらけの学部選び

譲二　おう、太陽じゃないか。どうした、珍しく暗い顔して。
徳士　先生、名前で呼ばないでくださいよ……。あの、僕、文学部に転部したいんですけど。
譲二　ん、どうした？　やぶから棒に。
徳士　いや、親が文系のほうが儲かるって。最新の『週刊ワンダフルマネー』に載ってたっていうんですよ。それに、文系の友だちは遊んでばっかりで楽しそうです。女子も多いし。おまけに、理系だと、二言目には大学院に行けとか言われるじゃないですか。修士に行ったら、2年も差がついちゃいますよ。学費もかかるし、理系は苦労ばっかり多くて、ちっとも報われないんですよ。それで、文系に転部しようかと思って。
譲二　文系がそんなに暇なのかどうかよく知らないが、転部するとはずいぶん大変な話だな。たしかに、理系はレポートが多い。大学院も普通ではある。女子も少ないね。うちの学科は今年、

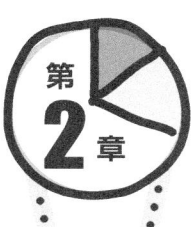

2人だけだな。50名中2名、4%か。稀少価値が出そうだね。
徳士 そうなんですよ。ダイヤモンドみたいなものですよ、女子。
譲二 日本の女子は、たったの4~5%しか工学部に進学しないからな。先進国の中で女子の工学部進学率が低いとされるドイツでも、この2倍は工学を専攻する。おかしいな、日本は。それにしても、文系のほうが儲かるってのはホントなの？
徳士 ホントですよ。生涯賃金が5000万円も違うらしいです。5000万円あったら家が買えますよ。
譲二 買えるな。文転しろよ。
徳士 え、即決ですか？
譲二 だって、そんなに違うなら行けば。うちは総合大学だし、ま、転部するのも悪くないでしょ。
徳士 そう言われると、慎重になっちゃいます。
譲二 なんで？
徳士 いや、なんとなく不安に。
譲二 そうだろうな。よく調べないとダメだ、こういう話は。そもそもさ、何と何を比較してるの？

文系・理系 こんなに違う!!
文系
4億2000万円!!!!
理系
3億7000万円
5000万円!!
※ここでは、文系は社会科学系、
理系は工学系を指します。

徳士　もちろん、文系と理系ですよ。

譲二　だから、学部は何？　文学部と理学部の比較？

徳士　それは知りません。全部まとめてじゃないですか？

譲二　データを見せてみろ。（記事に目をやる譲二）こりゃ、ちょっと大げさだな。典型的な「びっくりグラフ」だよ。

徳士　何ですか、びっくりグラフって。

譲二　棒グラフの棒の長さが、金額に比例してないでしょ。これじゃ、文系の生涯賃金が理系の倍以上あるように見えるよ。しかも、文字が大きいし。

徳士　あ、ほんとだ。今、びっくりしました。

譲二　しょうがないな。それにさ、比較対象が違うんじゃないかな。

徳士　えっ？　何が違うんですか？

譲二　データを見るとさ、社会科学系と工学系の卒業生の比較だよな。

徳士　あれ、そうみたいですね。

譲二　この調査では、君が行きたがってる文学部は入ってない。

徳士　あ、そうか。そうですね。

譲二　工学部の連中はメーカーに行くのが多いから、まぁ、そんなに稼げるわけじゃない。俺もメーカーにいたから、よーく分かる。それと、文系でいちばん稼ぐ社会科学系の卒業生を比較してるんだから、差がつくのは当然だよ。

徳士　なるほど。社会科学系だと、銀行とか外資系の投資銀行なんかに勤めている人もいますね。彼らが医学部並みに稼ぐってことなのか。

譲二　それにさ、今ちょっと調べてみたけど、「人文科学系学部出身者と工学部出身者の生涯賃金は、工学部のほうがちょっと多い」っていう調査結果もあるぞ。

徳士　文学部って、楽しいだけじゃないのか。

譲二　何と何を比較しているかを自覚しておくことは、統計の基本だ。で、ここまで分かったけど、それでも文学部に転部するか？

徳士　実験行ってきまっす！

解説

隠された情報

会話編を読んで、「普通はこれほど安易に騙されないよ」と思った人もいるでしょう。しかし、実際には統計データをもっと複雑に加工して、巧みに人の判断を誘導してしまうようなことが多いのです。そして使い方を誤れば、どれほど高性能な統計手法を使っても、結果はまったく無意味になってしまいます。そういう意味で、無視できないのが比較といえるでしょう。

会話編では、「文学部と工学部では、どうやら工学部の方が儲かりそうだ」というところで終わっています。しかし、じつはこれだけ聞いてもまだ本当のところは判断できません。重要な情報が少なくとも2点不足していると考えられますが、どんな情報が不足しているのでしょうか。

まず一つ目の情報として、調査対象者の「性別」が挙げられます。

残念ながら、現在の日本では男女間の賃金格差が残っています。工学部において女子は稀な存在ですが、文学部では女子の割合が高いので、男女を合わせて比較してしまうと、文学部のほうが生涯賃金が低く出てしまう、と考えられます。

そしてもう一つ、「回答者の年齢」も重要です。

会社での年功序列は崩れてきたとはいえ、今でも年齢に比例して収入が上がる傾向があります。人文科学系には歴史の新しい学部・学科が多いので、そのような学部の卒業生と、工学部のような老舗学部の卒業生を比較したら、卒業生に年配者を含む老舗学部のほうが賃金が高く出てくるでしょう。

●混ぜるな、危険！

区分		文系	理系
大学		57.4%　(▲3.8)	58.3%　(▲10.2)
うち	国公立	64.4%　(▲6.6)	60.6%　(▲12.2)
	私立	55.7%　(▲3.0)	56.4%　(▲9.3)

［表２・１］　大学生の就職内定率
カッコ内は前年度同時期調査との増減。▲はマイナスを表す

一見、信頼に足ると思われるデータでも、思わぬ穴が存在することもあります。たとえば、平成22年度大学等卒業予定者の就職内定状況調査（10月1日現在）では、文理別の内定率を表２・１のような形で公表しています。このデータ、何かが足りないと思いませんか。

ここには、男女別のデータがありませんね。

しかし、この表とは別に、なぜか文系と理系を区別していない男女の就職内定率だけのデータは存在するのです。ちなみにそのデータでは、男子59・5％、女子55・3％となっています。ようするに、これらのデータを合わせて見ても、男女別かつ文系・理系別の就職内定率は分からないのです。これでは、文系・理系の内定率の実態が大変把握しにくい、というほかありません。

先ほども述べましたが、現在でも就職においては、男子学生のほうが有利であることが多いため、単純比較では、女子の多い学部で内定率が低く出る可能性があります。男女別で

データを見なければ、実態がつかみにくいのです。

大学教員という職業柄、就職内定率の発表には毎年注目しているのですが、公表の仕方はもう少し何とかならないかな、と思います。公表元の厚生労働省に他意はないと思いますが、ざっくりした公表の仕方では、有効な対策を打ちづらくなってしまいます。

このように、本来は分けて考えなければならないデータが、一緒くたに論じられていることは珍しくありません。私たちにできる対処法は、何らかの調査結果を見るとき、「何と何を比較しているか」を確認することでしょう。データは、大ざっぱに、あるいは部分的に提示されることが多いのです。そこに抜けている情報や、やけに小さな字で書いてある注意書きなどはないでしょうか。わざと疑い深くなってみたり、目を皿のようにしてデータを見ることで、実態が見えてくることもあります。

●高齢出産のリスク

今までの例は比較的分かりやすいものでしたが、意外と判断が難しい場合もあります。35歳以降の初めての出産は、「高齢出産」と呼ばれています。1991年までは30歳以降でしたが、基準が変わりました。35歳を境に、出産のリスクや胎児の異常などのリスクが高くなるため、このような呼び名になっているとのことです。

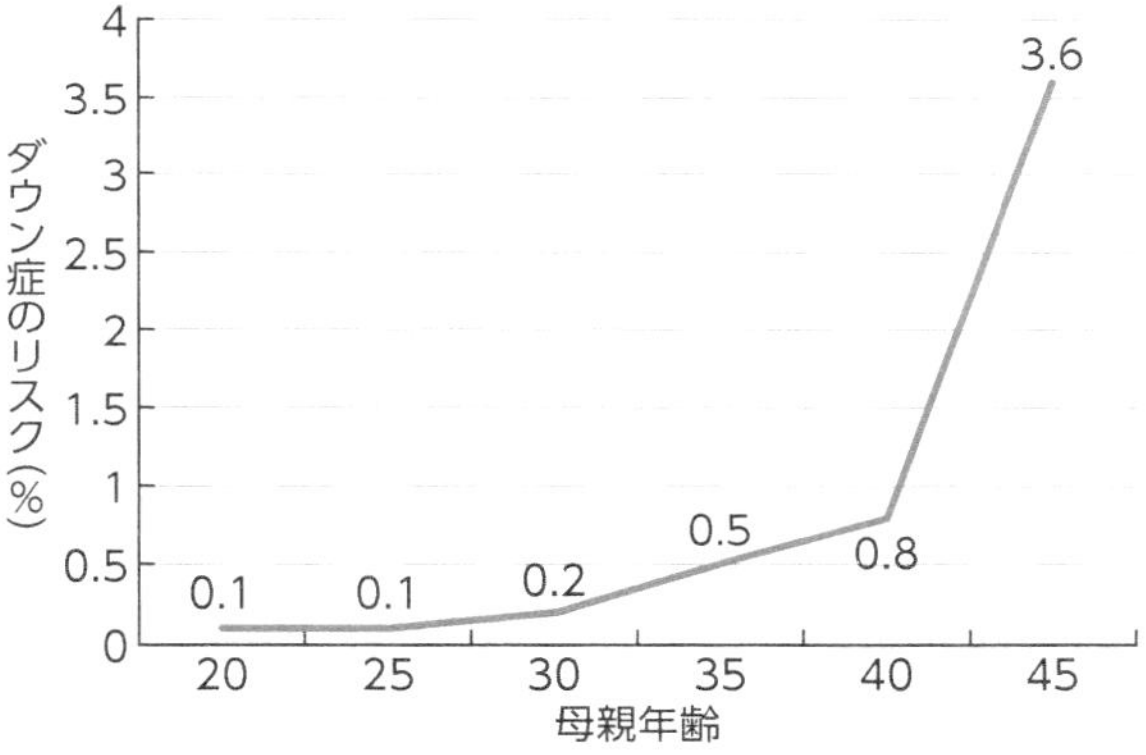

［図２・１］　米国における母親の年齢とダウン症のリスク*1

高齢出産という言葉はなんとなく広く知られていると思いますが、どんなリスクがどの程度あるのかについては、それほど知られていないのではないでしょうか。気になったので、ちょっと調べてみました。

まず、「35歳を過ぎると妊娠しづらくなる」というのは確かです。しかし、35歳の誕生日を境に急に妊娠しづらくなるわけではありません。月単位の自然受胎確率（避妊せずに妊娠する確率）は、25歳頃に22％くらいでピークに達し、その後ゆっくり下がっていきます。35歳では15％くらい。妊娠可能性を問題にするならば、妊娠しづらくなる区切りはむしろ25歳頃になります。

よく言われるのは、母親の年齢が上がるとともに、ダウン症の赤ちゃんを妊娠する確率も上がるということです。図２・１は、米国人女性の年齢と、ダウン症のリスクに関するデータです。このデータは、出生前診断によって「危険因子あり」（胎児がダウン症である確率が高い）と判断された割合です。出生前診断の結果ですから、間違っている可能性もあります。実際の確率とは異なる点には注意してください。

ここではとりあえずこの診断結果が正しいと認めることにして、ダウン症の赤ちゃんが生まれる可能性を見てみましょう。すると、35歳前後に境目があるというよりは、むしろ40歳を過ぎてから急激に上昇しているように見えないでしょうか。

母親の年齢が高い場合、出産にあたってこの他にもさまざまなリスクが高まるのは否定できません。しかし、高齢出産といわれると、35歳以降のお産が異常なものに思えたり、それ以外のお産にリスクがないように感じられてしまいがちです。

本来連続的に変化していくものを、ある時点を境に区切って取り出した場合、受け手に対して大きなインパクトを与えることになります。そのような場合、根拠となる数字はとくに重要です。にもかかわらず、35歳で区切る根拠が不明瞭なままなのはどうかと思います。厚生労働省のサイトを見ても、「35歳からが高齢出産」だと考えられるようなデータは示されていません。

人は感情を持つ生き物。とくに、不安を感じやすい初妊婦さんには、いたずらにネガティブな情報を与えても良いことはないでしょう。出産のように重要な事柄については、正しいデータが広く共有されることを望みたいものです。

第２章のまとめ

（a）統計資料を見るときには、言葉の定義と注意書きを確認してみましょう。

（b）比較対象を誤れば、どれほど高性能の統計手法を使っても、結果はまったく無意味です。

（c）異なる性質を持ったデータが混ざっていませんか？　不足している情報はありませんか？

（d）根拠がはっきりしない数字を気にしすぎないように。

第3章
本番に強いのはどっちか

真音　朝走ると、気持ちがいいね。

もあ　あー、昨夜は飲み過ぎた。今日は二日酔いで眠くてさ、走ったら気持ち悪くなっちゃった。

真音　そういう無茶なことはしないで、毎日きちんと走るのが大事なのよ。先、行くわね。

もあ　うー。お母さんは偉いというか、私がダメなのか、これは。

ジョギングから戻った2人。もあは、死にそうな顔をしている。

譲二　おお、戻ったな。朝食できてるよ。何だ？　2人の表情の差は。タイムはどうだった？

真音　もあが43分29秒、私が30分42秒ね。

譲二　ずいぶん違うな。

もあ　今日は、二日酔いでさ……。

譲二　それでも走るのは、偉いのか何なのか。

もあ　お母さんは全然乱れない。すごい。

譲二　もあの平均タイムは28分44秒、お母さんは31分37秒。

もあ　私のほうが一応速いんだけどね。

真音　でも、今日みたいに40分以上もかかる日があったりして、安定しないわね。

譲二　標準偏差を見てみようか。標準偏差は、もあが7分16秒で、お母さんが2分36秒。

真音　何なの、標準偏差って？　偏差値みたいなもの？　数字は大きいほうがいいの？

譲二　いいかどうかは分からないけど、「お母さんのほうがタイムのバラツキが小さい」っていうことは分かる。標準偏差が大きければ大きいほど、バラツキが大きいからね。お母さん

はたしかに安定してるな。
もあ　いや、マジ安定。驚異。
真音　驚異の母よ、ほほほ。
もあ　でもさ、大会本番では、バラツキのある私のほうが好タイムを出せるかもしれないよ。
譲二　負けず嫌いだなぁ、お前も。

解説

バラツキを測るには

平均値は頻繁に使われますが、平均値だけ見てもデータの性質はつかめません。少なくとも、平均の他に、データのバラツキを表す「標準偏差」が分かると、データの見方がグッと広がることでしょう。

ではデータのバラツキは、どうやって測ればよいのでしょうか。

ひとつの考え方は、最大値と最小値の差を見ることです。まさに「データの幅」を測定するわけです。これは、「レンジ（範囲）」と呼ばれるれっきとした統計量で、データの特徴をいくらかは捉えています。しかし最大値と最小値以外は見ないため、その中間にある値がどうなっていよ

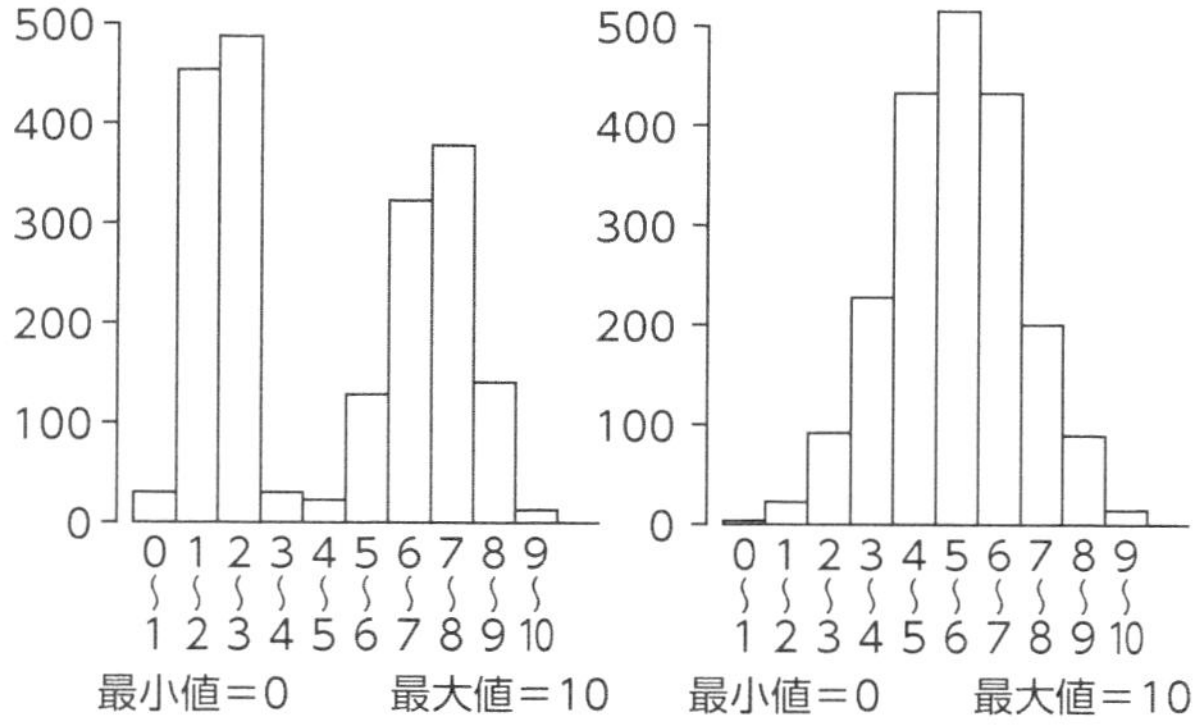

［図3・1］　バラツキ＝データの幅？

うとバラツキは一緒、ということになってしまいます。

図3・1を見てください。2つのグラフは、いずれも「レンジ＝10」「平均値＝5」のデータです。横軸は階級を表し、ここでは0以上1未満、1以上2未満、……というようになっています。それぞれの階級に当てはまるデータの個数（あるいは割合）を縦軸にとった棒グラフを「ヒストグラム」といいます。

たとえば、ある会社の従業員たちの1週間の残業時間を記録することを考えてみましょう。Aさんは残業なしで帰宅し（残業時間0時間）、Bさんは忙しくて6時間残業、ほどほどに忙しい部署のCさんは、2時間20分残業というように、残業時間は人によって異なっています。これを1時間おきの階級で0時間以上1時間未満、1時間以上

2時間未満、……というふうに区切って人数を記録していくと、ヒストグラムができます。残業ゼロの人がいる一方で、いちばん忙しい人が6時間残業したとすれば、残業時間のレンジは6時間ということになります。

図3・1の例では、左側のヒストグラムが2つの山を持ち、右側のヒストグラムは山1つだけという特徴があります。右側はデータが「値＝5」、つまり平均値の近くに集中しています。これに対して、左側のデータは、ひとつの値の近くにちらばっていないため、むしろバラツキが大きいようにも見えます。しかし、これだけでデータのバラツキを測るのは難しいですね。

●平均偏差・標準偏差・分散

そこで手段を変えて、「平均値の周りに、どれくらいデータが集中しているか」を考えることにします。そのためには、何を求めればよいのでしょうか。

個々のデータの「平均値との差」の平均を求める、というのはどうでしょう？　でも、「平均値との差」の平均は、常に0になってしまいますね。これは具合がよくありません。

では、「平均値との差の絶対値」の平均を取ってみてはどうでしょうか。これは「平均偏差」と呼ばれる統計量で、たしかにデータのバラツキをとらえる有用な指標です。しかし、実際のところ、平均偏差は統計ではあまり使われず、その代わりに「標準偏差」がよく使われています。

標準偏差は、「平均との差を2乗した値の平均を計算し、さらにそのルート（平方根）を取ったもの」です。つまり、平均値との差を2乗したものをすべて足しあわせ、データの個数で割ってから、そのルートを求めます。ルートを取る理由は、「単位を揃えるため」です。たとえば、身長のデータで単位をメートルにした場合、2乗して平均を取るだけだと、単位はメートルの2乗になってしまいます。そこで、ルートを求めることによって、単位がメートルに戻るわけです。ルートを取らないものを「分散」といい、これもよく使われます。

なぜ標準偏差が使われるのか

さて、ちょっと不思議な気分になったかもしれません。なぜ、標準偏差が多く利用されて、平均偏差が使われないのか。データのバラツキを表すのなら、平均偏差でも十分ではないか、と。

実際、バラツキを表す指標として標準偏差（や分散）がよく利用されるのは、平均偏差が劣っているからではありません。歴史的な事情を無視してざっくりいってしまうと、その理由は「平均偏差よりも標準偏差のほうが数学的に扱いやすい」ということによります。

この「数学的な扱いやすさ」とは何か。次のような説明なら、直感的に分かってもらえるでしょうか。

「データの個数で割る」という部分を省略して、標準偏差、平均偏差それぞれの測り方を図示す

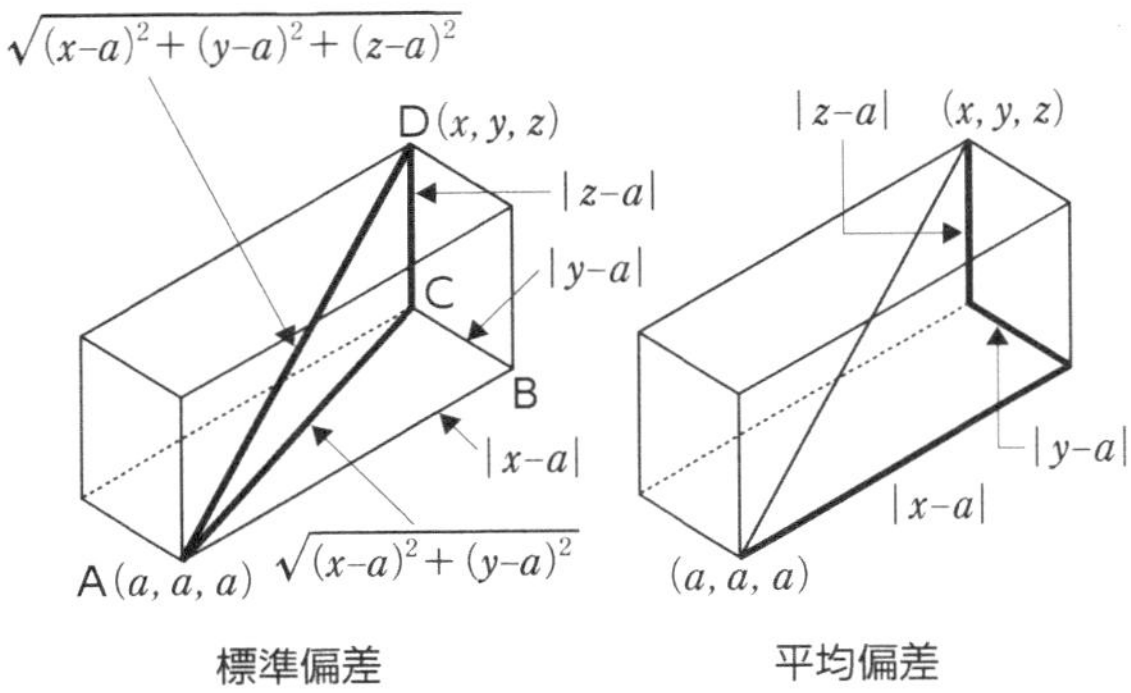

［図３・２］　標準偏差の測り方と平均偏差の測り方

ると、図３・２のようになります。データの個数（これをサンプルサイズといいます）は３個とします。３つのデータは縦、横、高さで表すことにして x、y、z とし、a を平均値としましょう。

左側が標準偏差的な測り方です。平均値を３つ並べた点Ａ（a、a、a）からＤ（x、y、z）の距離をまっすぐ測っています。三平方の定理で、まずＡＣを求めると、ＡＢの２乗とＢＣの２乗を足したルートですから、

$$AC=\sqrt{(x-a)^2+(y-a)^2}$$

となることはすぐに分かりますね。

次に、直角三角形ＡＣＤにおいて、ＡＤを求めましょう。ふたたび三平方の定理を使うと、

$$AD=\sqrt{(x-a)^2+(y-a)^2+(z-a)^2}$$

となります。

一方、平均偏差の測り方では、点（a、a、a）から、直角にコキコキ折れ曲がりながら道をたどって、（x、y、z）にたどりつくまでの道のりを測っていることになります。

図から見て、平均と個々のデータの関係をより自然に表しているのは、最短距離で測る標準偏差のほうではないでしょうか。[*2]

たまにだけれど役に立つ

少し補足しますが、標準偏差が広く利用されているとはいえ、バラツキの尺度として万能だというわけではありません。

後ほど説明する「べき分布」などでは、標準偏差を計算するととんでもなく大きな値になってしまうことがあり、尺度として適当ではなくなります。その場合、平均偏差がうまく機能することがあります。

統計の世界においては、これひとつですべてがうまくいく、という道具はとても少ないのです。時と場合に応じて、さまざまな手法を柔軟に使い分けられるようになると、統計がちょっと楽しくなってくると思います。

第3章のまとめ

(a) データのバラツキ具合は、多くの場合、標準偏差で測ります。
(b) 標準偏差は、データが平均の近くにどの程度バラついているかを表します。
(c) データのバラツキは平均偏差で測るほうがいいこともあります。
(d) 標準偏差は「まっすぐ測る」測り方。
(e) 平均偏差は「直角に折れ曲がりながら測る」測り方。
(f) それぞれの階級に当てはまるデータの個数（あるいは割合）を縦軸にとった棒グラフを「ヒストグラム」といいます。

第4章 その数学が就職を決める

教授室にいると、いろいろな人が訪ねてくる。今日は、企業からの来客が多い水曜日だ。

（ドアが開いて）こちら、素呂須先生のお部屋でしょうか？

譲二　はい。ええと、どちらさまでしたっけ？

昼下　マイクロローカルソフトの昼下一《ひるげいつる》と申します。このたびは、来年度の採用担当となりましたので、一度ご挨拶にと思いまして。

譲二　ビル・ゲイツ会長自らが採用担当なんですか？

昼下　は？

譲二　いや、何でもないです。ええと、名刺、名刺。ちょっと古いんですけど、最近、学科の名前が変わりまして。前はエレクトロニクス学科だったんですけど、今年度から情報エレクトロニクス学科に。こちらに「情報」と付けていただけばいいですから。

昼下　さようでございますか。それでですね、先生は来年度の就職ご担当とうかがいまして。

譲二　そうです。よろしくお願いします。

昼下　弊社は、企業様のご要望に合わせて、徹底的にカスタマイズしたソフトウェアを開発している会社でございます。創立からまだ10年しか経っておりませんが、受注に生産が追いつかない状態で、このたび採用をと考えております。

譲二　ソフト開発ですか。企業の要望に応えるということだと、かなりいろいろな知識が必要になりそうですね。

昼下　そのとおりです。それで、できれば「数学のできる新人」を採用したいと考えておりまして。たしか、先生のご専門は数学でいらっしゃるとうかがったのですが。

譲二　ええ、そうです。数学が専門です。それはそうと、数学が得意な学生を採用して、どのような業務を任せるご予定なんでしょうか？

昼下　プログラマーです。弊社は、ソフトウェアの開発がメインですので。

譲二　数学と関係するソフトウェアを開発するんですよね？

昼下　いいえ、直接の関係はございません。企業様の社内業務を効率化するソフトウェアをですね、メインに開発する人材を探しておりまして。

譲二　うーん。数学と関係しない仕事に就くのに、数学が得意な学生をご希望なんですか？
昼下　数学が得意な学生は、プログラマーに向いていると考えております。
譲二　いや、それはどうでしょうか。
昼下　は？
譲二　数学ができるのとプログラミングが得意というのは、少なくともうちの大学では、あまり関係ないと思うんですよ。
昼下　そうなんですか？
譲二　私、数学のほかに、プログラミングも教えているんですが、それぞれの成績にはあまり関係がないようなんですよ。プログラミングは徹底してプログラムを書かせる実践的な授業で、数学的な話はほとんどありません。
今年度前期試験の結果でいうと、サンプルサイズ（＝データの個数）は48で、相関係数は0・22ちょっとですから、たしかに正の相関はゼロとはいえません。しかし、非常に弱い相関です。

昼下　統計に疎いので、よく分からないのですが……。ようするに、「数学のできる学生を採用しても、プログラミングができるとは限らない」ということでしょうか？

譲二　そうです。この程度の相関だと、おそらくは講義に真面目に出席するとか、勉強に対する姿勢との相関が効いてきてるのかな、と。これまで10年以上学生を見てきていますが、私が見ている限りでは、あまり関係なさそうに見えますね。

昼下　それは驚きました。プログラミングは、いかにも数学的に見えるのですが。

譲二　モノによっては数学が必要かもしれませんから、もちろん一概にいえるものではありませんけれど。

昼下　それでは、数学のできない学生のほうが、プログラミングに向いているということでしょうか？

譲二　いえ、違います。2つの能力には相関があまりないんです。もうちょっと詳しくいうと、「数学ができて、プログラミングができる確率」と、「数学が苦手で、プログラミングができる確率」がだいたい一緒ということです。だから、数学の出来不出来は、情報としてあまり意味がないんですね、この場合。

昼下　なるほど。

譲二　不思議なんですが、どうしてプログラミングのできる学生がほしいという話にならないんでしょうね。数学の成績などという間接的なものを見ないで、プログラミング関係科目の成績を直接見たらよいのではないかと思うのですが。

昼下　いや、じつはそれについては弊社で調べたことがございまして。

譲二　えっ、あるんですか？

昼下　その結果、大学のプログラミング関係科目の成績と弊社での活躍の間には、あまり関係がございませんようで。貴学の学生さんではございませんが……。情報系で成績が比較的よい学生さんを採用しても、実際にはプログラミングができない場合が多いようなのです。それで急遽《きゅうきょ》、数学のできる学生を、という話になりまして。

譲二　そ、それは、「大学の成績と仕事の能力の間に相関がある」とは……。

昼下　そう考えられないでしょうね（笑）。

譲二　「相関が得られない」と。参りました。私たち大学教員の存在意義が問われてますね……。

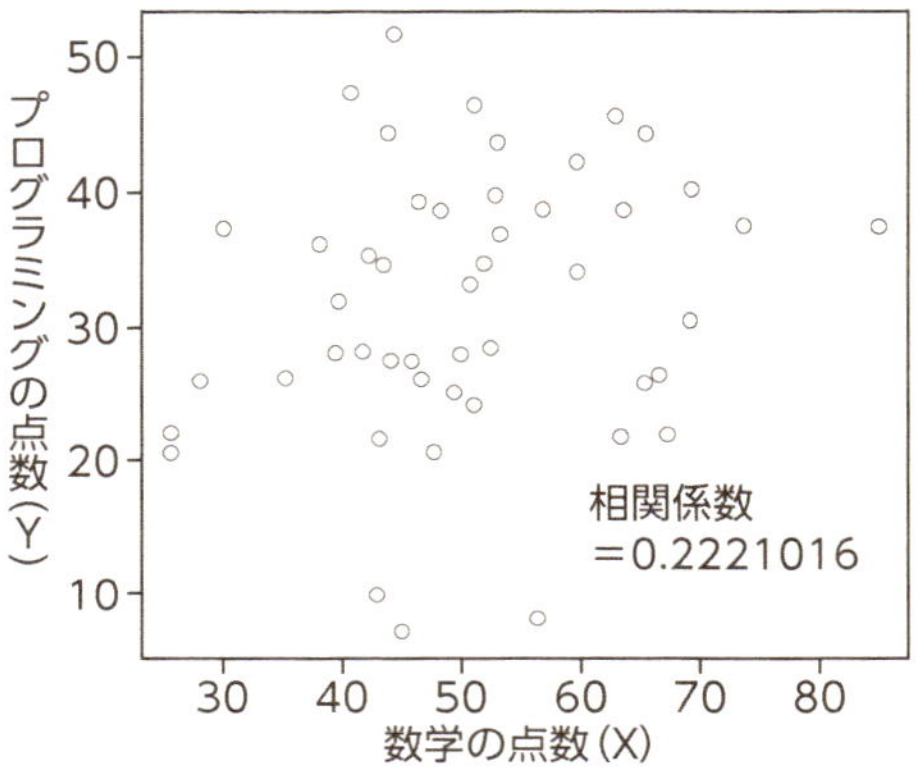

［図４・１］　数学とプログラミングの点数の散布図

解説

散布図

会話編のエピソードは、部分的に私の実体験をもとにしています。

（身長、体重）や、（国語の点数、数学の点数）などのような、組になるデータを平面上にプロットしていくと、点がたくさんならんだ図ができあがります。これを散布図といいます。

会話編で譲二が挙げていたのは、「数学の点数とプログラミング科目の点数」です。この２つの科目の点数をそれぞれ横軸（X）、縦軸（Y）（逆でもOK）にして点を打っていくと、散布図ができ上がります。

譲二のデータから散布図を作ってみると、図

4・1のようになりました。プログラミングの点数がやけに低いですが、おそらく問題が難しかったのでしょう。それはともかく、相関係数が0・2221016という数字になっていますが、これはどういう意味でしょうか。

相関いろいろ

データを散布図にしてみると、データの間に一定の傾向が見られることがあります。

図4・2には3種類のデータが載っています。横軸をX、縦軸をYとしたとき、(a)はXが増えるとYも増える傾向にあるデータで、たとえば身長と体重の関係がそれにあたります。(b)は、Xが増えるとYが減る傾向にあるデータで、(成人の)年齢と肺活量などがこれにあたります。

このようなとき、(a)のデータのXとYには「正の相関」があるといい、(b)の場合は、「負の相関」があるといいます。一方、(c)のようにどちらともつかない場合は、「相関がない」とか「相関が低い」という言い方をします。たとえば、髪の毛の長さと知能指数などがこれにあたるでしょう。

こうした相関の強さを表すのが、図4・2のそれぞれの散布図に書かれている数字で、「相関係数」と呼ばれる量です。

相関係数をものすごく大ざっぱにいうと、X、Yそれぞれが平均からどの方向に外れているか

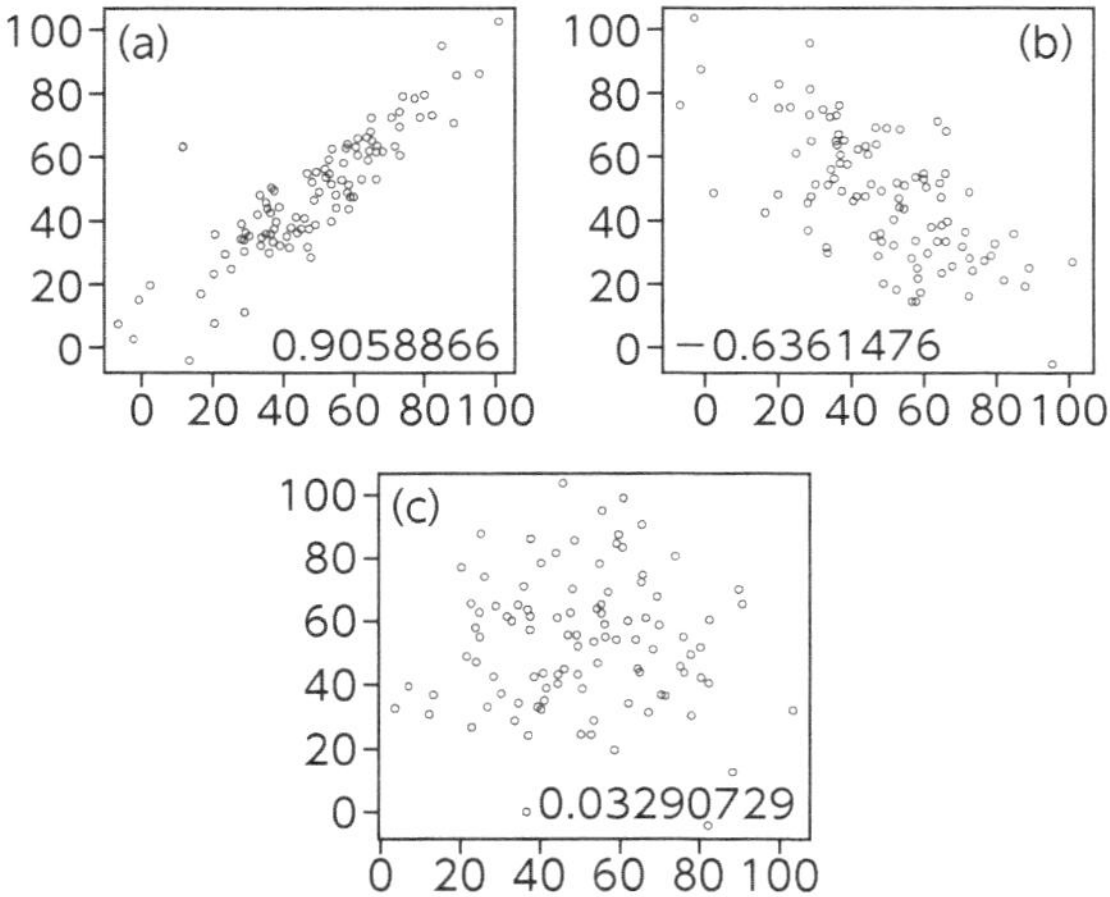

［図４・２］　散布図と相関係数

を表す量です。相関係数は、完全な正の相関（すべてのデータが、傾きが正の直線上に乗る）のときに1となり、完全な負の相関（すべてのデータが、傾きが負の直線上に乗る）のときに−1となります。実際にはそんなきれいなデータはなく、直線のそばにデータが散らばるかたちになります。

　相関係数は、データの間に「直線的な」関係がないときには、0に近い値をとります。(c)のデータの相関係数は、0・03290729なので、たしかに0に近くなっています。

　譲二が挙げた「数学とプログラミングの点数の散布図」では、相関係数は0・22ちょっとしかありませんでした。したがって、「数学の点数が上がるとプログラミン

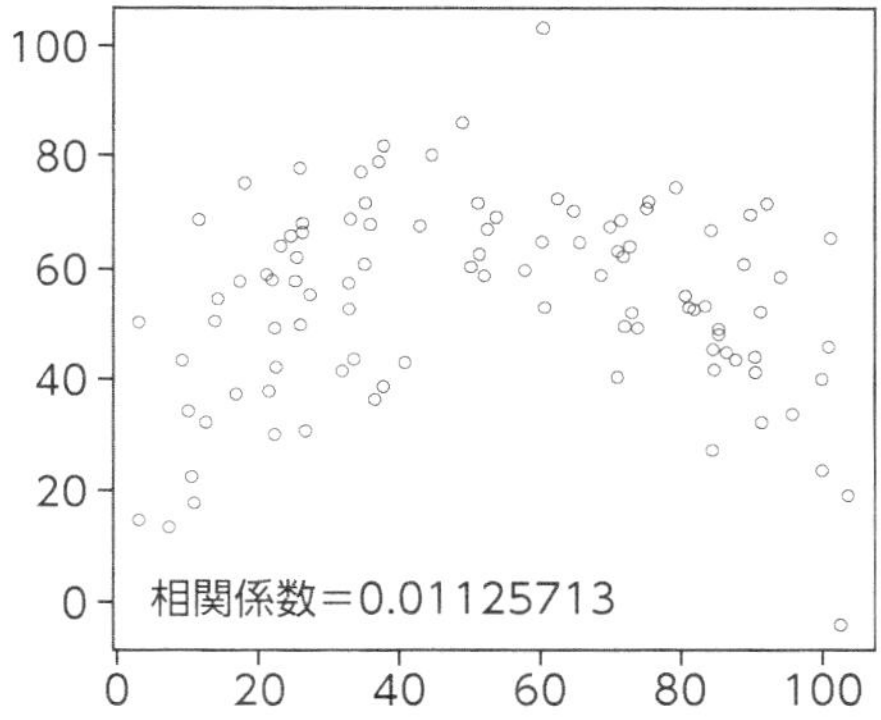

［図4・3］　直線的でないデータ

グの点数も上がる」という傾向はあるものの、あまり強い関係があるとはいえないようです。[*3] 図4・2の3種類の散布図でいえば、「(a)と(c)の間に位置するけれど、かなり(c)に近い」と解釈できます。

相関係数を説明するときの「直線的な関係」というただし書きは、じつはとても重要です。図4・3を見てください。相関係数はほぼ0に近いですが、何の関係もないように見えるでしょうか。最初、Xが増えるにしたがってYも増えていきますが、Xが60の近くでYが下がっています。どうも、山型の関係があるようですね。

このデータで相関係数が小さく出るのは、あくまで「直線的な関係はない」というだけの話です。相関係数は、相関を見る指標としてもちろん役に立ちます。しかし、相関係数の値の大きさ

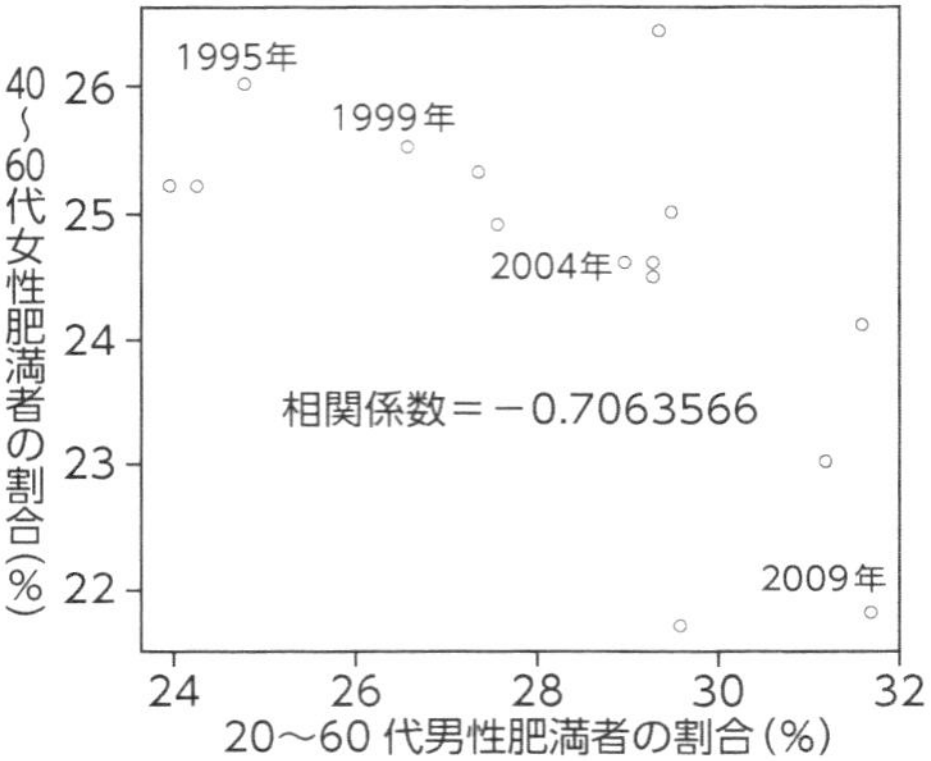

［図４・４］　男性の肥満者の割合と女性の肥満者の割合

と、実際に相関関係があるかどうかは、必ずしも比例しているというわけではないのです。

男が太れば、女はやせる？

これもよく間違われることですが、相関関係は因果関係とは違います。

平成21年国民栄養調査の概要によれば、20〜60代の男性の肥満者（ＢＭＩ25以上）と40〜60代の女性の肥満者の割合は、図４・４のようになっています。ＢＭＩとは、体重と身長の関係から計算される肥満度を表す体格指数です。この散布図にプロットされた点は各年ごとのもので、たとえば「２０００年の男性の肥満者の割合と女性の肥満者の割合」をひと組にしてプロットしています。

なお、この散布図には20〜30代の女性のデータがありませんが、この年代は肥満よりもむしろやせすぎが問題のため、データを分けたようです。

これを見ると、男性の肥満者の割合と女性の肥満者の割合の間には、マイナス0・70635 66という比較的強い負の相関があります。[*4] ということは、男性が太ることによって、女性がやせてしまうのでしょうか。男性陣がたくさん食べるせいで、女性のための食べ物が残らないとか……？

もちろん、そうではありません。たんに「男性の肥満者の割合はほぼ年々上昇し、女性の肥満者の割合は年々下がる傾向にある」ということであって、両者の間に特別に因果関係があるわけではないのです。

中高年女性といえば、ちょっとふくよかなイメージだったと思うのですが、最近はそうでもないようですね。

第4章のまとめ

(a)(身長、体重)や(国語の点数、数学の点数)などのような、組になるデータを平面上にプロットしたものを散布図といいます。
(b)相関係数は、データ同士の直線的関係の強さを表します。相関係数は、散布図が右上がりの直線に近いとき1に近く、右下がりの直線に近いときは－1に近くなります。直線的関係がないときは、相関係数は0に近くなります。

(c) 相関係数が0に近くても、データの間に関係がないとはいえません。

(d) 曲線的な関係があるときには、相関係数は正しい指標ではありません。

(e) 相関関係があるからといって因果関係があるとは限りません。

第5章 テストの合否を推定せよ

2月某日、進級前の定期試験終了。この時期になると、見慣れない学生がよく訪ねて来る。

学生 失礼しまーす。

譲二 あ、はいはい。何？

学生 点数、教えてほしいんですけど。

譲二 何の科目？　名前は？

学生 「統計学I」、町田です。

譲二 あー、君が町田くんか。ええと……44点だね。

町田 えー、60点いってないってことは、不合格ですか？　16点くらい、何とかしましょうよ。

譲二 16点くらいいってことはないだろ。点数自体はどうにもならないね。点数の基準をそろえておかないと、全部おかしくなっちゃうし、公平じゃないでしょ。それに、不合格とは限らないよ。試験が難しかったみたいで、ちょっと点数を補正しなくちゃいけない。他学科からの履修も多くて、今回は150人近いから、被害が大きくならないようにちょっと甘めに補正することになるんじゃないかな。

町田 そうですか。じゃ、自分、どのあたりなんですか？　青梅くんの点数が分かれば、目安になるんですけど。だいたいあいつ、いつもぎりぎりだから。

譲二 さすがに、他の学生の点数を教えるわけにはいかないなぁ。個人情報だからね。

町田 でも、合格してるかどうか、気になるんですけど……。

譲二 まだ最終的な点数はつけてないんだから、しばらく待ってほしいな。

町田 そこを何とか。

譲二 じゃ、平均点と標準偏差を教えてあげるから、自分の位置を推定してみたらいいんじゃないかな。だいたい分かるでしょ。

町田 それが、全然分かってないんですよね、僕。

譲二 どのへんから分からないの？

町田 正規分布からですかね。講義、出られなかったんです。おばあちゃんの七回忌だったんで。

［図５・１］　正規分布の形

譲二　う～ん、親戚づきあいもいいけどさ。君、4年生だったよね。

町田　一応。また単位を落としたら、シャレになりません。というわけで、合否を教えていただけませんか。

譲二　統計のことなら、いくらでも教えてあげるよ。

町田　はぁ……。

譲二　そうこなくっちゃ。じゃ、今日は特別講義だ。名づけて「試験に出る正規分布」。

町田　さっそくですが、どうすれば合否を推定できるんですか？

譲二　君はせっかちだね。僕からも質問させてもらうけど、正規分布の形を知ってる？

町田　知りません。

譲二　そうだろ。まず君は、基本からしっかり理解する必要があると思うぞ。正規分布の形は、こんなふうになる（図5・1）。平均値の周りにデータが集まったハンドベル型カーブだ。

町田　ふぁ～（あくびをする）。

譲二　どうした、町田。

町田　いや、正規分布の形なんて正直どうでもいいや、なんて思っちゃって。理屈は苦手なんで。

譲二　正規分布が分かると、合否が推測できるんだぞ。

町田　おっ、意外と使えるんですね。

譲二　だから、これから説明することをよく聞くように。で、話を戻すけど、このグラフの縦軸は「確率密度」という。

町田　えっと……。それって、確率じゃないんですか？

譲二　違う。確率密度。みんな確率、確率ってよく言うけど、確率って、じつはすご～く誤解されてるものなんだよね。確率密度は「1から2の間の値を取る確率」みたいに、「ある範囲」を指定してはじめて確率になるものなんだ。たとえば物体の密度っていうのは、体積を掛けてはじめて質量になるよね。それと同じで、確率密度自体は確率じゃない。

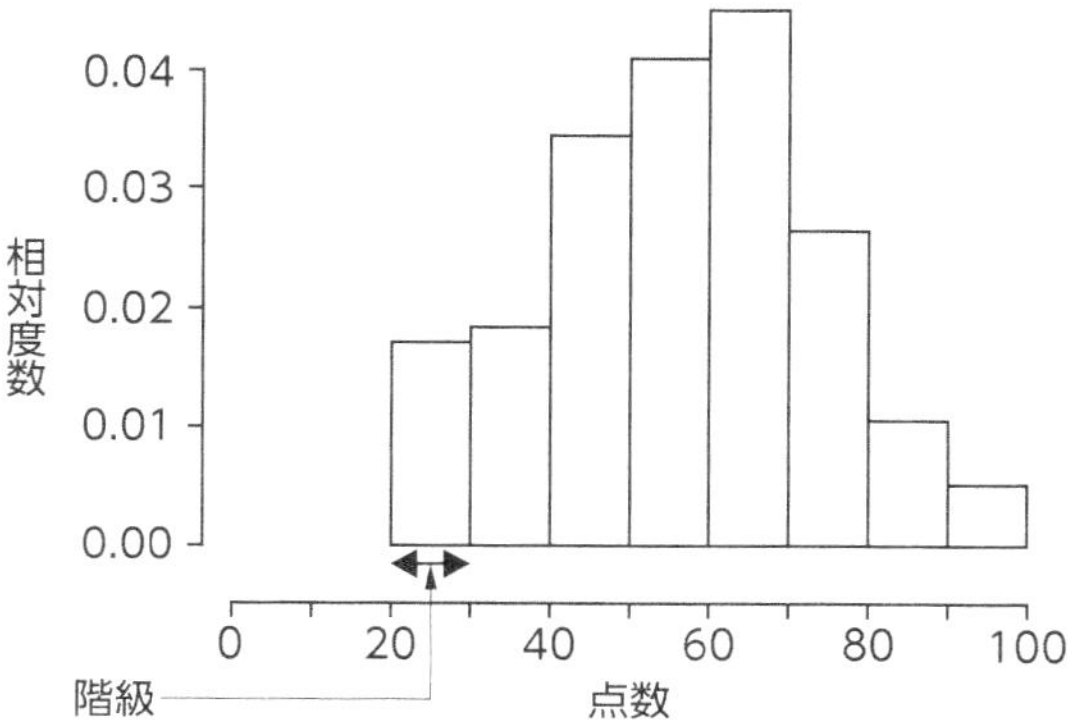

［図5・2］ ヒストグラム

町田　確率と確率密度って、紛らわしい話ですね。だけど、これが分かってれば、後で合否の推定に役立つんですね。

譲二　そう。いきなり難しい話だったかもしれないけど、確率と確率密度が別モノだってことが分かればOK。じゃ、ヒストグラムってのは覚えてるか？

町田　あ、おぼろげながら……。棒グラフで表すヤツですか。

譲二　そうそう。ヒストグラムには「階級」っていうのがあったでしょ。テストの点でいえば、「30点以上40点未満」とかいうヤツね。図5・2みたいな感じの。で、この縦軸は何だと思う？

町田　横軸の階級に当てはまる「人数」ですか。

譲二　そういう場合もあるんだけど、確率密度を考えるときは、相対度数を表す。相対度数ってのは、その階級に該当する人が「全体の何%か」ってこと。統計では、たとえば10%は「0・1」というふうに表示するのが普通だ。

町田　で、それがさっきのハンドベルにどうつながるんですか。

譲二　階級を細かくして近似すると、あの形になるんだ。とくに今回の試験は、わりときれいな正規分布に近かった。

町田　ということは、合否は……。

譲二　ちょっと待て。正規分布は、平均と標準偏差で決まる。今回の「統計学Ｉ」の結果だと、平均はジャスト53点で、標準偏差はジャスト９点（といいながら図に説明を加えていく）。

　こんなふうに、平均点に対して左右対称のグラフだ（図５・３）。平均が何かは、だいたい分かるだろ。標準偏差は、グラフの横の広がりを決めるものだ。数学的にいうと、「平均点から変曲点までの距離」にあたる。変曲点っていうのは「曲がり具合が、上に凸から下に凸になる（またはその逆の）境目」のことだ。ようするに……

町田　僕は44点だから、「平均点から、ちょうど標準偏差１つぶん左」に来るんですね。で、合否は……。

譲二　もうちょっと待て。今回の試験の例だと、「44点以下の学生が何%いるか」が問題だ。というのも、僕は「全体の人数の下から10%までしか落とさない」方針だからね。だから、「44点

［図５・３］　試験の点数をグラフにすると……

以下の学生の割合」が10％以下だったら、君は不合格になる。逆に、10％より大きければ合格。ま、微調整するから、ぴったりってわけにはいかないけれども。

町田　だったら、「先生が44点以下の人数を数えて、全体の人数で割ればいい」じゃないですか。

譲二　原理的には君のいうことが正しい。だけど今は、それが「正規分布で近似できる」ってことを教えたいわけ。ここで正規分布を教えるのが、僕なりの教育的配慮なんだよ。

町田　（迷惑な……）事情は分かりました。じゃ、正規分布で近似するとして、44点以下の人の割合はどうやって考えればいいんですか。

譲二　「44点以下のグラフの下の部分の面積」が、その割合になるんだよ。

町田　面積？　どうしてですか？

譲二　まず、ヒストグラムで考えてみよう。たとえば30点未満の人の割合は、0点以上10点未満、10点以上20点未満、20点以上30点未満の人の割合を合計すれば出てくるでしょ。正規分布は、ヒストグラムをもっと細かくしたものだと考えられる。すると、ある点数未満の人の割合は、曲線の下の部分の面積になる。「短冊（ヒストグラム）を細かくして足す」のと同じ、ってわけだ。

町田　で、44点以下の割合はどのくらいになるんですか？

譲二　標準偏差1個分小さかった。つまり44点未満の人の割合は16％。

町田　と、いうことは……合格？

譲二　たぶんね。あくまで近似だから、誤差があるけどね。

町田　やった！

譲二　確定してるわけじゃないからね、そこはご注意を。で、正規分布って何？

町田　忘れました。

譲二　だと思った。俺、何のために教えてるんだろうなぁ……。人生の意味って……。

町田　もっと理屈から自由になりましょうよ、先生。

譲二　君は自由になりすぎだろ。

解説

分布が出てくるメカニズム

会話編では、「試験の点数が正規分布に近い」と言っていました。私の経験からいっても、あまり偏った問題でなければ、試験の成績は正規分布することが多いようです。それはなぜでしょうか。

多くの筆記試験は、「小さな問題が集まったもの」だと考えることができます。単純な例として、漢字の書き取りテストを考えてみましょう。

1問1点で20問、全問正解なら20点満点。話を簡単にするため、部分点はないものとします。つまり各問題に対する点数が0点と1点しかないわけです。事前に試験範囲を知らされず、ランダムに漢字の書き取りが出題されると仮定します。

さて、このとき、テストの成績の分布はどうなるでしょうか。

たまたま知っている漢字なら正解できますが、知らなかった場合、正しく推測するのは至難の業です。そこで、これまた単純化のためですが、「問題ごとの難易度が一定（極端に難しい漢字や易しい漢字が混ざっていない)」と仮定します。

そうすると、得点の分布は「二項分布」というものになります。二項分布とは、「一定の確率で起きる現象がN回中に何回起きるか」を表す確率分布です。「一定の確率で起きる現象」とは、ここでは漢字の書き取り1問に正解することで、Nは20(20問)にあたります。

ひとつの漢字を知っている(正解が書ける)ことが、他の漢字を知っている確率に影響を与えないとき、これを「独立」といいます。そして、独立な点数を合計した(正解の数は、それぞれの点数の合計と考えることができますね)とき、二項分布が出てくるのです。

●二項分布から正規分布へ

各問題の正解率がちょうど50%だと仮定したときの得点分布のグラフは、図5・4になります。このグラフを見て、むむ、と思われたかもしれませんね。「これって、正規分布じゃないの?」。

ご明察。完全に正規分布ではありませんが、非常に正規分布に近い分布になっています。図5・4は、漢字テストの問題数が20のときのものですが、問題数(N)を5、10、20、30と増やしていったとき、二項分布のグラフを並べてみると図5・5のようになります。ここではヒストグラムだと図が重なって見にくいので折れ線グラフになっていますが、値はヒストグラムと同じ

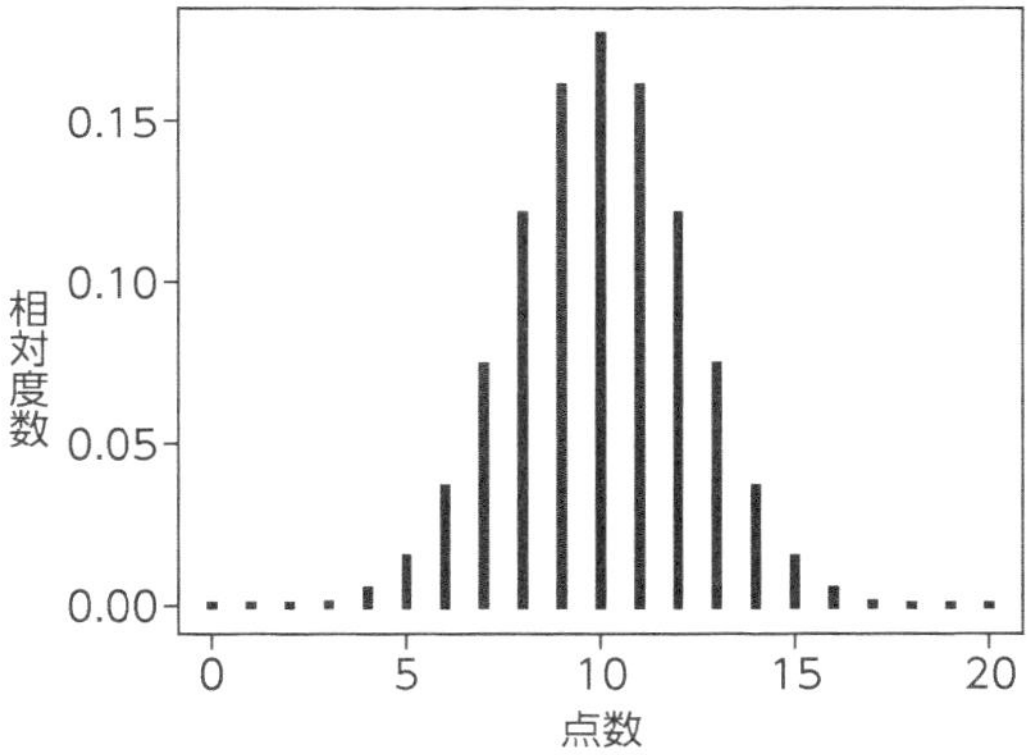

［図５・４］　二項分布

です。

問題数を増やしていけばいくほど、平均点は大きくなります。それにつれて、ヒストグラムは右に動いていきます。取りうる点数は、問題数が５の場合だと０、１、２、３、４、５点の６通りしかありませんが、30問のときは０点から30点まで31通りあります。そのぶん、ヒストグラムは横に広がっていき、点数のバリエーションが増えたぶんだけ、山はだんだん低くなっていきます。

問題数が５問の場合でも30問の場合でも、平均点のグラフ上の位置が同じになるように平均のズレを補正し、ヒストグラムの横幅もそろうように補正します。[*5] そうすると、問題数Ｎを大きくしていったとき、補正されたヒストグラムは、譲二の書いた正規分布のグラフに近づいていくのです。

この話は、一般化することもできます。独立な

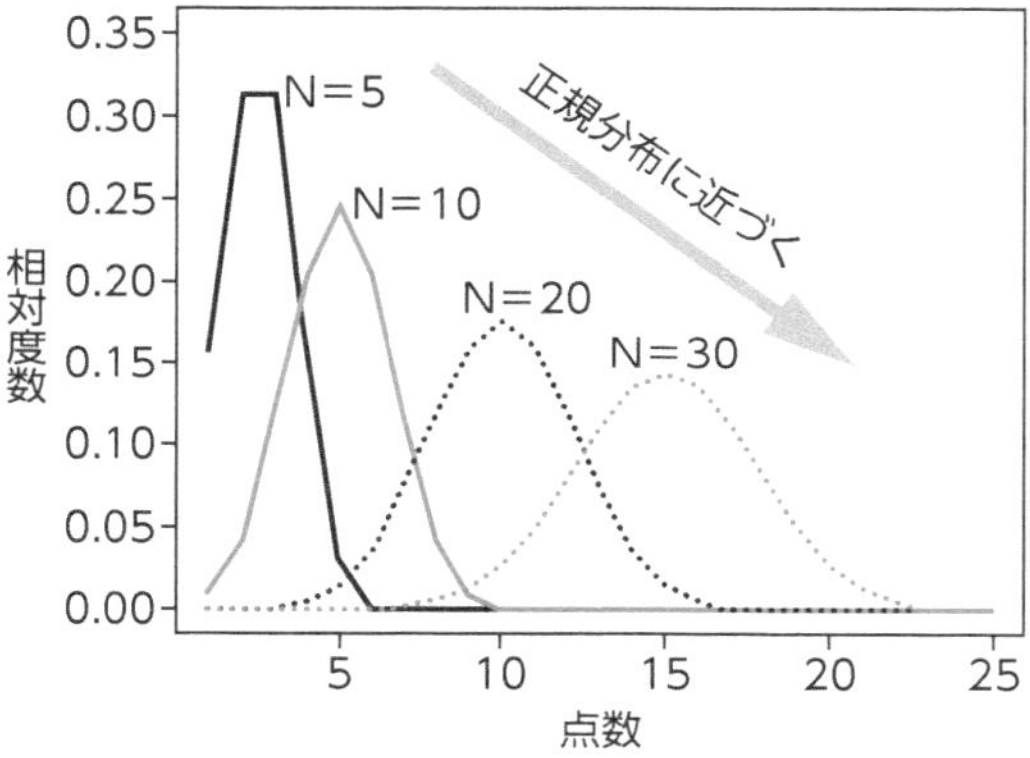

［図５・５］ 二項分布から正規分布へ

変数（ここでは点数）をたくさん足し算していったとき、その合計の分布は正規分布に近いものになります。標語的に言えば、「足し算が正規分布を生み出す」のです。

足し算は試験の点数だけでなく、あちこちに出てきます。たとえば、身長はその典型です。身長を決めているのは、背骨、大腿骨、頭蓋骨などの骨の長さと椎間板（骨と骨の間の部分）などの厚みの合計です。それぞれの長さ（厚み）が独立に近いため、その合計である身長が正規分布すると考えられるのです。

合否を分ける天王山

統計の教科書に、「確率密度」という言葉が出てくることがありますが、「密度」という言葉が読み飛ばされていることが多いようですね。確率

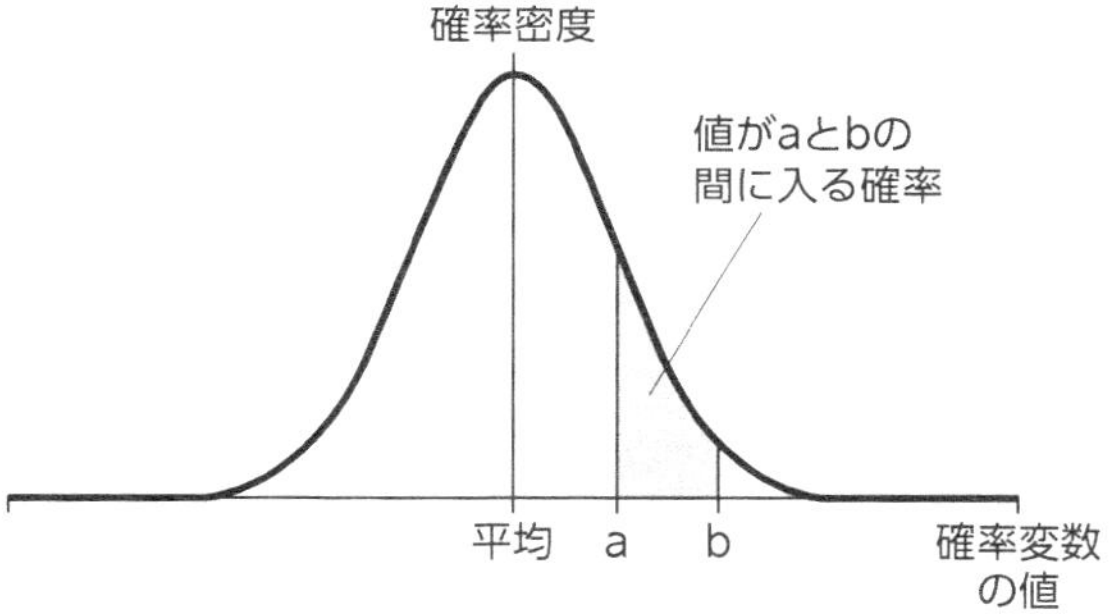

［図5・6］　確率密度と確率　変数がａとｂの間の値をとる確率＝対応するグラフの下側の面積

密度は確率とは違って、「ａとｂの間の値をとる確率」や「ａよりも小さい値をとる確率」などのように、範囲を決めてはじめて意味を持つものです。

正規分布に限った話ではありませんが、確率密度と確率は図5・6のような関係になっています。グラフの横軸に確率変数とありますが、確率変数とは「ランダムに値が変わる変数」のことです。会話編の例でいうと、「学生の点数」が確率変数にあたります。

さて正規分布は、平均値を中心に左右対称のベル型曲線になっています。その広がりは標準偏差で決まっているため、正規分布においては、標準偏差がモノサシの代わりになります。

たとえば、「点数が、平均から標準偏差いくつぶん離れているか」について考えてみましょ

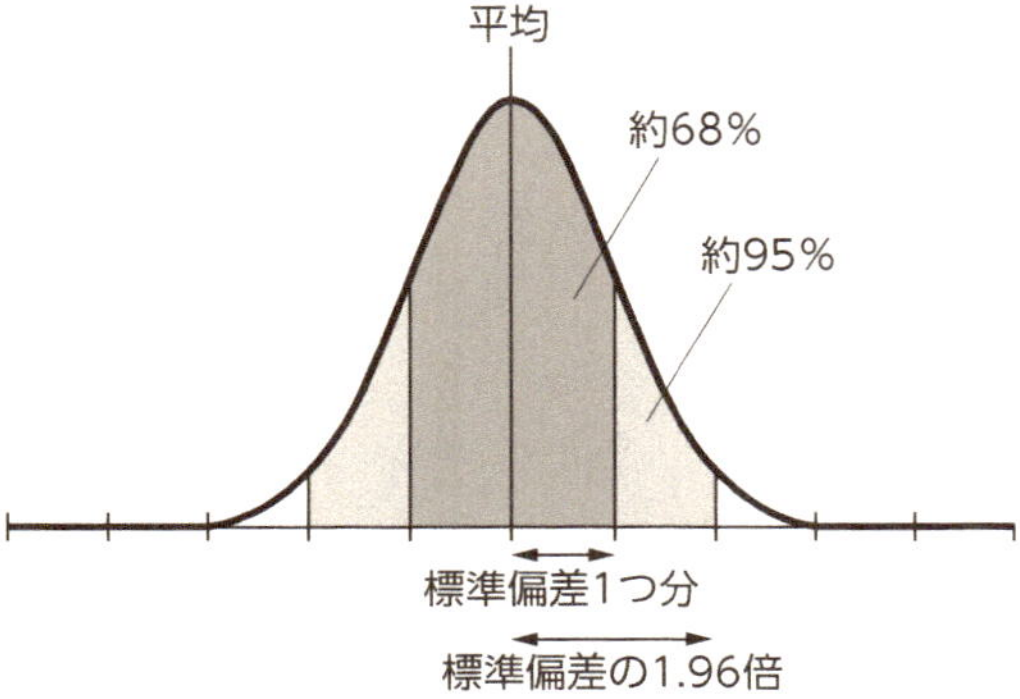

［図5・7］　標準偏差と確率

う。その確率は図5・7のようになります。これを見ると、正規分布する確率変数は、68%の確率で「平均プラスマイナス標準偏差」の間に入ることが分かります。

会話編の例では、平均が53点、町田君の点数44点、標準偏差が9点でした。つまり、町田君の点数は「平均よりもちょうど標準偏差ひとつぶん下の点数」ということになります。このとき、正規分布がぴったり当てはまっているとすれば、平均から標準偏差ひとつぶん下の点数（44点）未満の学生の割合は、100－50－(68/2)＝16%となります。

譲二は「10%以上は不合格者を出さない」と言っていましたから、誤差を考えても、ぎりぎりセーフ、といったところでしょうか。

●区間推定と誤差

正規分布は、合否の推定をするときだけではなく、あらゆる場面に応用できます。

調査・実験には誤差がつきものです。理工系出身の人なら、実験データに誤差があることはよく知っているでしょう。他に社会調査のようなものでも、すべての個人や世帯を調査するには高いコストがかかるため、一部を調査して全体を推定する必要が出てきます。そこには、もちろん誤差が入ってしまいます。このような誤差を見積もるために力を発揮するのが正規分布なのです。

たとえば、首相の支持率を調査したいと思ったとしましょう。ここでは話を単純化するために、支持と不支持しか選択肢がなく、どちらでもない、という回答はないことにしましょう。

さて、その首相は大変な人気者で、有権者全体の7割が支持し、3割が不支持だとします。この支持率が本当かどうかは有権者全員を調査してみなければ分かりませんが、ここでは誤差について考えたいので、正しい支持率が分かっているものとしておきます。

これを社会調査から割り出すために、100人をランダムに選んで意見を聞いてみましょう。有権者全体からこのように選ばれた100人をサンプル（標本）、サンプルの人数をサンプルサイズと呼びます。ここで、サンプルから選ばれたうちの1人が支持を表明する確率は、7割＝

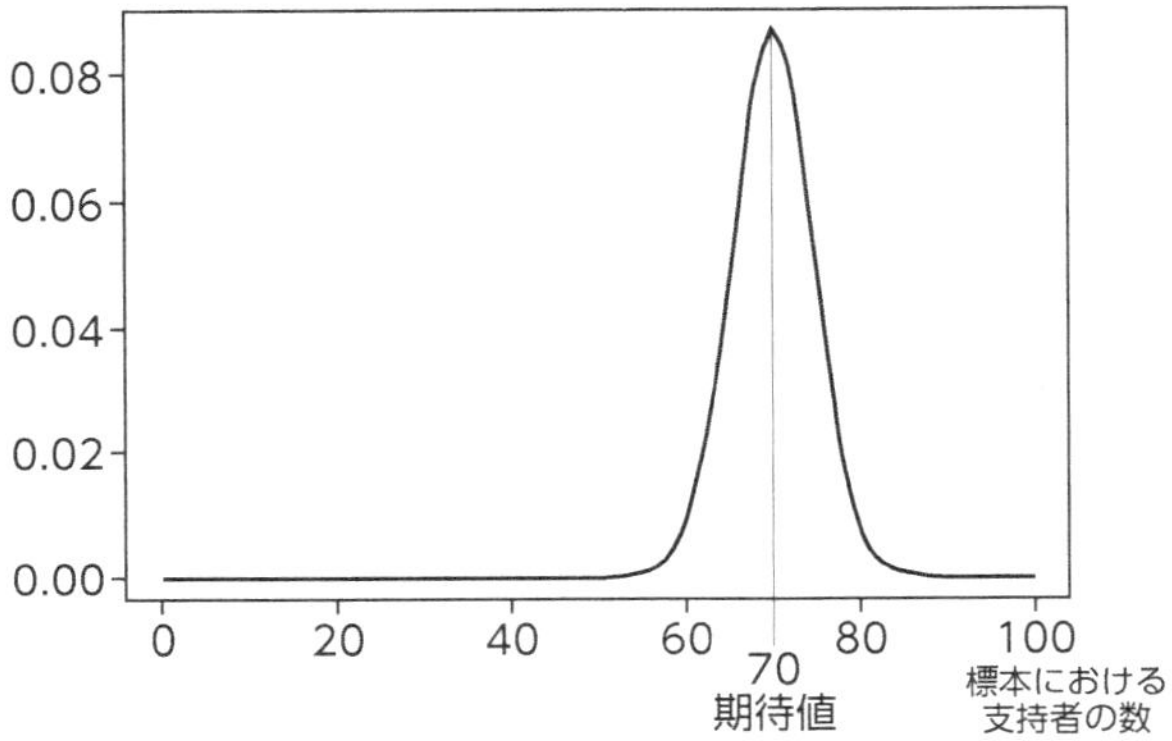

［図５・８］　支持者の分布

０・７になりますね。

図５・８は、ランダムに１００人選ぶ、ということを何度も繰り返したときの支持者数の分布を、二項分布を使って理論的に計算したものです（計算の仕方はここでは知らなくもよいです）。これは二項分布なのですが、正規分布と非常に近い形になっています。そこで、（二項分布の平均と分散に等しい平均と分散を持つ）正規分布で置き換えて計算してみると、サンプルから得られる支持率は、先ほどの標準偏差と確率の関係をもとに「95％の確率で、70プラスマイナス９・０１６（％）に収まる」ことが分かります。

プラスマイナス９・０１６が（95％の確率を基準としたときの）推定の誤差に相当します。たった１００人をランダムに選んで調べただけなのに、全体との誤差は９％程度しかありません。これは、なかなか小さい誤差だといえるでしょう。

このように「95％の確率で、◯％～◯％の範囲に収まる」というような範囲のことを、「95％信頼区間」といいます。

興味がある人のために、95％信頼区間の近似式を図５・９に書いておきましょう。もとの比率（先ほどの例でいえば支持率）が p のときの近似式です。ここに出てくる１・９６という数字は、図５・７に示したように、「平均プラスマイナス（１・９６×標準偏差）」の範囲に95％のデータが収まることから来る数字です。サンプルサイズ n が大きいとき（大まかな目安としては１００以上）、95％信頼区間は図のようになります。

この式を見るとルートが入っているので、精度を２倍に（信頼区間の幅を半分に）するためには、サンプルサイズを 2^2＝４倍にしなければならないことが分かります。つまり、「精度を上げる（＝信頼区間の幅を狭める）ためには、サンプルサイズを大きくする」必要があるのです。社会調査において、サンプルサイズがやかましくいわれる理由は、それによって精度が変わってくるからなのですね。また、この公式を利用すると、選挙の出口調査によって当確（当選確実）を判定することもできます。

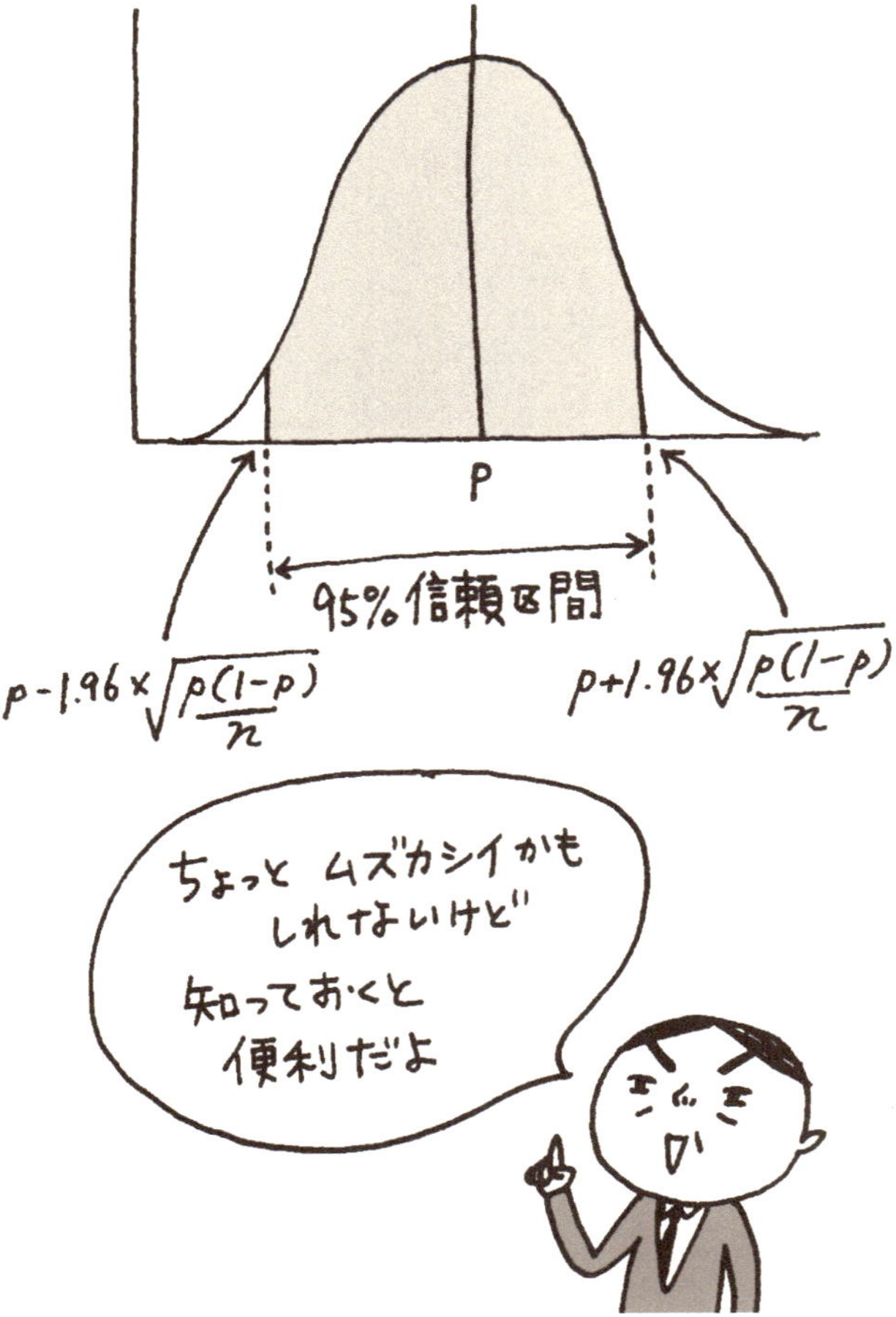
P
95%信頼区間
p-1.96×√(p(1-p)/n)
p+1.96×√(p(1-p)/n)
ちょっと ムズカシイかも
しれないけど
知っておくと
便利だよ

［図５・９］　95％信頼区間

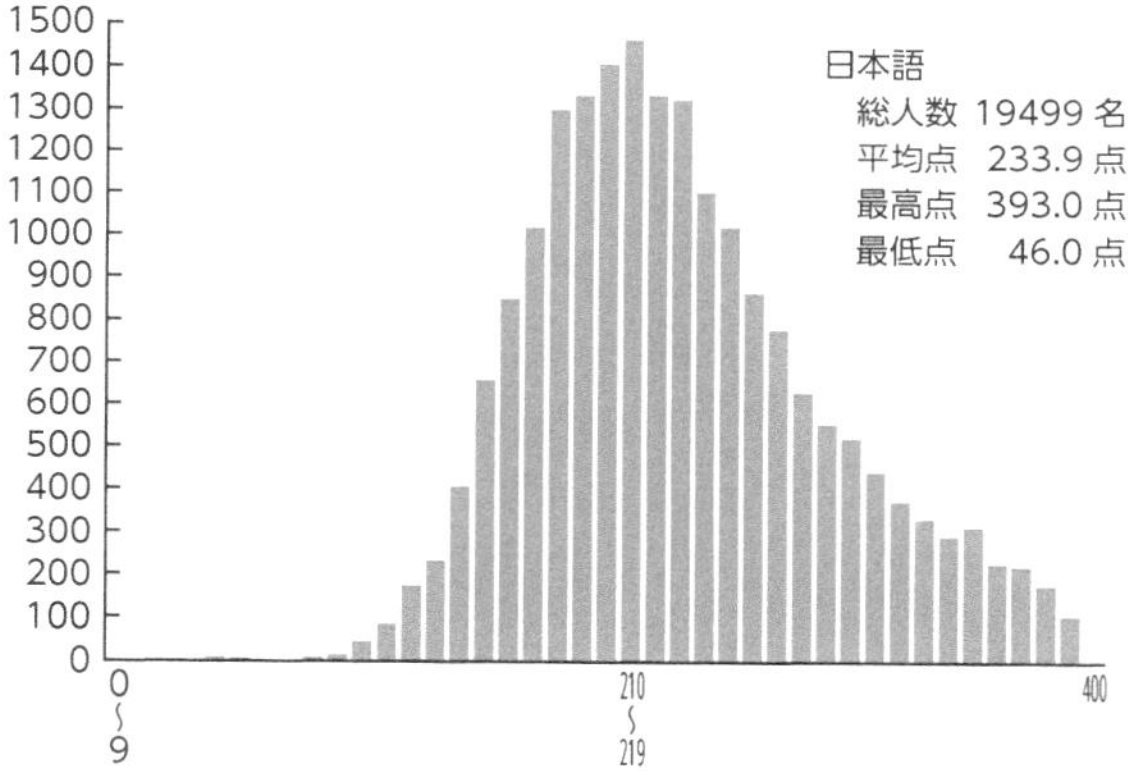

［図5・10］　日本留学試験得点分布（10点刻み）

歪みのチェックをお忘れなく

「試験の点数が正規分布に近い」とはいえ、いつでもそうだとは限りません。正規分布するかどうか微妙な例には、こんなものがあります。

図5・10は平成19年度の日本留学試験における「日本語」の得点分布です。これを見ると、得点の分布は左右対称になっておらず、高得点のほうが多い歪んだ形になっていますね。

統計学では、「(点数などといった)データの分布が、正規分布とみなしてもよいか」を検定することがあります。これを正規性の検定と呼びます。検定とは、計算によって仮説が正しいかどうかをチェックするときに使う統計用語です。

この日本留学試験の例については、生データがないと最終的な判断は下せませんが、少なくとも

「正規分布とみなせるかどうかのチェック」が必要なことは分かるのではないかと思います。

第5章のまとめ

(a) 正規分布は、独立な確率変数（ランダムに変わる量）の足し算によって現れます。
(b) 正規分布の確率密度は、平均と分散（標準偏差）だけで決まるハンドベル型の曲線。
(c) 確率密度のグラフの下の部分の面積が、対応する確率を表します。
(d) 正規分布では、平均プラスマイナス（1・96×標準偏差）の範囲に95％のデータが収まります（区間推定）。これを用いて当選確実などの判定ができます。
(e) 独立な変数を足し算すると正規分布が現れます。
(f) 一見正規分布しそうに見えても、歪む場合もあります。

第6章 投資でウソをつく法

家に帰ると、特上寿司と冷えたビールが譲二を待っていた。

譲二　ん？　今日は誰の誕生日だっけ……。

真音　違うわよぉ。今朝、小学校のときの同級生から久しぶりに電話があってさ、耳寄りな情報を教えてもらったの。今夜は前祝いよ。パーッと飲みましょう。

譲二　何だ、いい情報って？

真音　えへへ、じつは投資なんだけどね。

譲二　あー、投資。何の投資？　マンション？　聞き飽きたなぁ。

真音　マンションじゃないわよ。株式投資のうまいやり方が書いてあるのよ。この中から選んで投資すれば、元手が倍になるかもしれないの。しかも、損をするリスクは抑えられるんですって。とにかく、これを見てよ。「過去40年以上の株価を分析し、1年で資産の25％以上を失わないようにリスクヘッジできることが検証されています」って書いてあるわ。１００万円だったら、最悪でも25万円の損ってことよね。いいと思わない？

譲二 あー、それは嘘だなぁ。

真音 何でよ。何でいきなり否定するわけ？　投資に偏見があるんじゃないの？

譲二 それはないよ（内緒で株やってるのに……）。それより、その文章、意味分かる？

真音 またバカにして。分かるわよ。

譲二 僕はよく分からないなぁ。この文章だけど、「25％以上損することはゼッタイにない」とは書いてないよね？

真音 リスクヘッジできるのよ。

譲二 どういう意味か分かる？

真音 「危険を回避できる」ってことよ。

譲二 直訳じゃないか。

真音 でも、そういうことでしょ？

譲二 いや、それで意味が分かるのかな。誰が回避するの？

真音 プロがやるのよ。だってすごいのよ、東大出てハーバードでＭＢＡ取って博士号まで持っ

過去40年以上の
株価を分析し、
1年で資産の25%以上を
失わないように
リスクヘッジできることが
検証されています。
Beer

てる人が解説してるんだから。

譲二　まぁ、プロがやるんでしょう。博士号なんて僕でも持ってるんだから、そんなとこで感心しないでよ。で、「リスクヘッジできることが検証されている」って、ほとんど何も言ってないように感じるな、僕は。ようするにうまくやればやれないことはない、という程度の意味でしょ？

真音　うまくやってくれるってことでしょ。

譲二　なんだか曖昧な言葉で逃げている気がするけどね。そもそもさ、1年で資産の25％以上を失わないって、どうして保証できるの？　世界金融危機だけど、２００８年だけでニューヨークのダウ平均（ダウ工業株30種平均）って33・８％も値下がりしたんだよ。たった1年で。

真音　違うわよ。ダウ何とかじゃないのよ。たくさんの企業に分けて投資して、プロが運用するの。分散投資でリスクが下がるのよ。あなた、投資信託知らないの？

譲二　世界金融危機で、リーマン・ブラザーズが破綻したでしょ。彼らはすごく優秀な投資銀行員だよ。エリート中のエリート。有名な投資銀行ＬＴＣＭ（Long Term Capital Management）だって、博士どころかノーベル賞受賞者までいたけど、ロシアの債権危機で破綻したじゃないか。

真音　大きな賭けに出すぎたんじゃないの？

譲二　それはもちろんあるけれど。

真音　だから、分散投資すれば安心なのよ。同じカゴに卵を入れると、一緒に割れちゃうからね。これが分散投資の理論なのよ。そう書いてあるわ。ほら、このグラフを見てよ。マーコビッツとかいう、ノーベル経済学賞を取った人の理論なのよ。

譲二　あー、はいはい。効率的フロンティアね。マーコビッツの理論なんて、単なる二次関数の話だけどね。ま、それはいいとして、そもそもダウ平均って、主要銘柄全部を均等に買うというポートフォリオを組んだ場合のパフォーマンスだよね。それが33・8％も下がったんだよ。

真音　だから、もっとうまくやればいいのよ。ここにはちゃんと買うべき銘柄まで書いてあるわよ。過去40年のデータで、最大でも23・8％のマイナスにしかならなかったって。これをどう説明する気？

譲二　いや、そんなこと僕でもできるよ。

真音　やってごらんなさいよ。

譲二　まずね、過去40年の株価のデータを用意するでしょ。そのうち、あまり下がらなかった銘柄だけを選んで、ポートフォリオを組む。年間の最大下落率が25％を超える銘柄も混ぜると、信《しん》憑性《ぴょうせい》が増すかな。まあ、とにかく、40年でとくに高い利益率だった銘柄に、良くない銘柄を混ぜてブレンドする。でも、全体で25％以上の下落率にならないように。これで、過去40年のデータを分析した結果、最大でも25%以下の下落にしか「ならなかった」ポートフォリオの完成。どう？

真音　そ、そうね。後から良かったものを選び出せばいいわけね。

譲二　そして、東大出てハーバードでMBA取ってMITで博士号を取った人の名前を借りて入れる、と。魚錬《うおれん》くんがそういう経歴だったかな。東大は出てなかったかもしれないけど。そういう名前があると、信憑性が増すでしょ。「ずっと持ってれば上がります」とか、一筆書いてもらってさ、一丁上がり。実在しない人物でもいいかも。

真音　そっか。後からならできちゃうのね。

譲二　それで、資金を集めたら逃げちゃう。楽勝だよね。

真音　ねえ、だったらそれやらない？　安月給の埋め合わせに。

譲二　……それは犯罪だよ。

解説

この章は、統計とはちょっと毛色の違う話だと感じた人もいるかもしれません。しかし、ここで解説する分散投資の理論は、じつは第1章から第5章までに扱った基礎概念の応用です。直接使われるのは、平均、分散（標準偏差）、相関の3つで、これに加えて、頭の片隅に正規分布を置いてもらえればOKです。

たったこれだけの概念で、ノーベル賞級の仕事が理解できるのは貴重な機会だと思います。第1部のシメとして、気分転換がてら、ちょっと頭の整理をしてみましょう。

●分散投資って何だっけ

分散投資は、投資のリスクを軽減するもっとも基礎的な考え方です。大まかに説明すると、こういうことになります。

今、あなたが石油会社エクソンの株を買うことを検討しているとしましょう。でも、全額をエクソン株に投入してしまうのは危険です。エクソン社に、どんな不測の事態が起こるか分からないからです。他の会社の株にも「分散して」投資しておくほうが安全です。

しかし、単に違う会社というだけでは不十分です。たとえば、「エクソン株の他にシェル石油の株を買う」というのは賢明ではありません。原油価格に何が起きるか、分からないですから。

互いの株価の動きが同じように動かない（つまり、相関が低い）株に分けなければ、安全性は高まりません。たとえば、ここに100万円あったら、「グーグルに60万円、コカコーラに40万円」というように、分けて投資するわけです。

この組み合わせは変えることができます。「グーグルに30万円、コカコーラに70万円」という比率でも、もちろんかまいません。この比率の組み合わせ（0・6、0・4）、（0・3、0・7）などを「ポートフォリオ」といいます。

また、ここでは2つの会社を考えましたが、原理的には、100社や1000社に分散してもかまいません。ちなみに、「分散投資」というときの「分散」は、統計用語の分散ではなく、複数の銘柄に分ける、という意味です。

●ノーベル賞受賞者の頭の中

この分散投資の考え方を数学的に整理し、実際にどの株を何株買えばよいかを計算する方法をみつけたのが、ハリー・マーコビッツです。

当然ですが、投資家は「利益を最大化したい」わけです。もう少し正確にいえば、収益率を最大化したい。それと同時に、「リスクは最小にしたい」のです。

ここで収益率とは、投資に対する利益の割合です。たとえば、「1期だけ、1株100円の株を1万株保持して、期末に売る」ことを考えましょう。投資金額は、100円×1万株＝100万円です。株が値上がりして期末に120万円になり、配当金が1株あたり5円ついたとしましょう。配当金は、5円×1万株＝5万円ということになります。

このとき、期末に得られる利益は、120万円＋5万円－100万円＝25万円になります。収益率は、利益÷投資金額なので25％です。

実際には、株価も配当金も、値上がりすることもあれば値下がりすることもあります。つまり、収益率はふらふらと変化し、完全に予測することはできません。しかし、収益率の平均を計算することはできます。この平均が「期待収益率」です。

そこで、期待収益率が最大になるようにポートフォリオを組めば、万事ＯＫでしょうか。それなら、期待収益率が最大の企業の株だけ買えばよいことになります。しかしこの場合、その企業の株価が大きく下がったときに大損してしまいます。投資する側としては、「収益を最大化すると同時に、あまり大きな変化をしないように」ポートフォリオを組む必要があります。

マーコビッツはこの変化の基準として、「収益率の分散を最小化する」ことを思いつきます。そうすることによって、「収益率をできるだけ高く、かつリスクを最小にしたい」という虫のよい要求に応えられるはずだ、というわけです。

バラツキが小さくなるとは

ところで、分散投資によってリスクが小さくなるといいますが、リスクとは何なのでしょう。

それは、収益率の分散のことです。収益率の分散とは、刻々と変化する収益率のデータから計

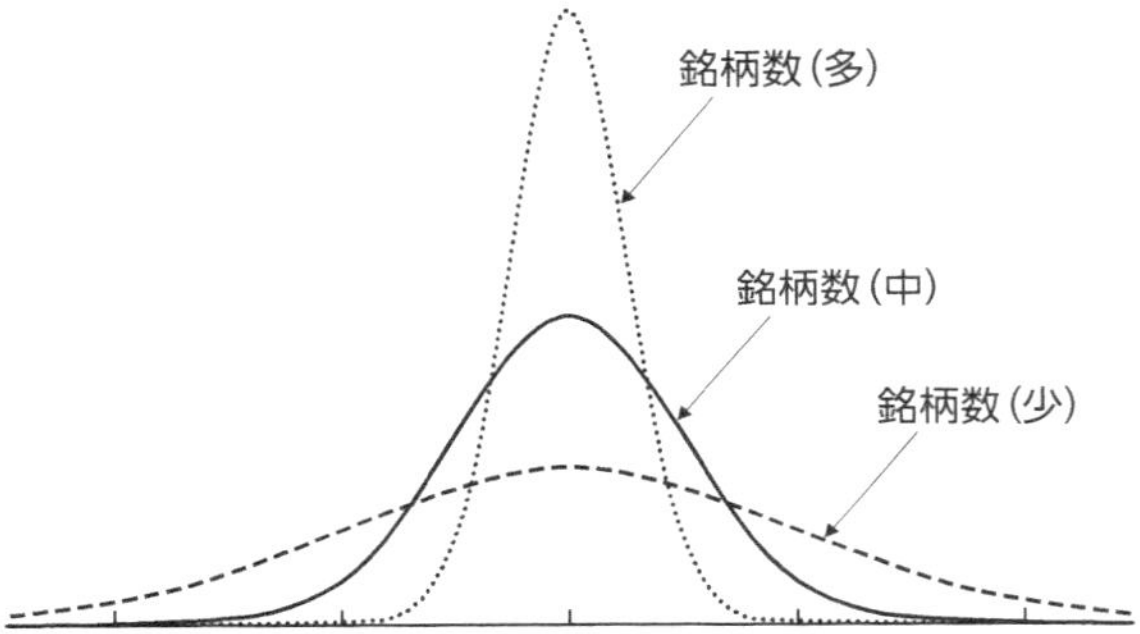

[図6・1] 平均による分散減少効果

算される分散のことで、分散投資の分散とは違います。「分散投資で分散が小さくなる」という紛らわしい話ですみません。

なぜ分散投資によって、リスクが小さくなるのでしょうか。それは、相関がない銘柄の株価は、同時に上がったり下がったりする傾向がなく、上がる銘柄もあれば下がる銘柄もあるという具合に、バラバラに動きます。その結果、全部合計するとバラツキ(分散)が小さくなるからです。

ポートフォリオを組む銘柄数を増やしていったとき、収益率の分布がどのように変化していくかを描いたのが、図6・1です。

銘柄数が少ないとき、山は低く、横に広い分布です。つまり、値動きが激しいため大儲けできる可能性も高いかわりに、大損する可能性も高くなります。ところが銘柄数を増やしていくと、山がそれにしたがって高くなり、幅は狭くなっていきます。値動きがおとなしくなってくるのです。これが、「互いに独立に変化するたくさんの銘柄に分散投資すると、リスクが下がる」という現象の本質です。

効率的フロンティア

マーコビッツが「期待収益率と収益率の分散の関係」を調べた結果、図6・2のようになりました。

どこかで見たことのあるグラフでしょう。そうです、これはおなじみの二次関数（放物線）のグラフです。

勝手にポートフォリオを組んだとき、そのリスク（分散）は必ずこの放物線の上側の範囲（グレーの部分）に入ります。たとえば、日経平均やS&P500（スタンダード&プアーズ500社平均）は、多様な銘柄に分散投資するポートフォリオと考えられますから、それらを保有したときのリスクは、グレーの範囲内に入ります。

仮に同じ収益率ならば、リスクは低いほうがよいでしょう。そうすると、「グレーの領域の縁、つまりちょうど放物線上」に対応するポートフォリオがいちばん好ましい（効率的である）と考えられます。

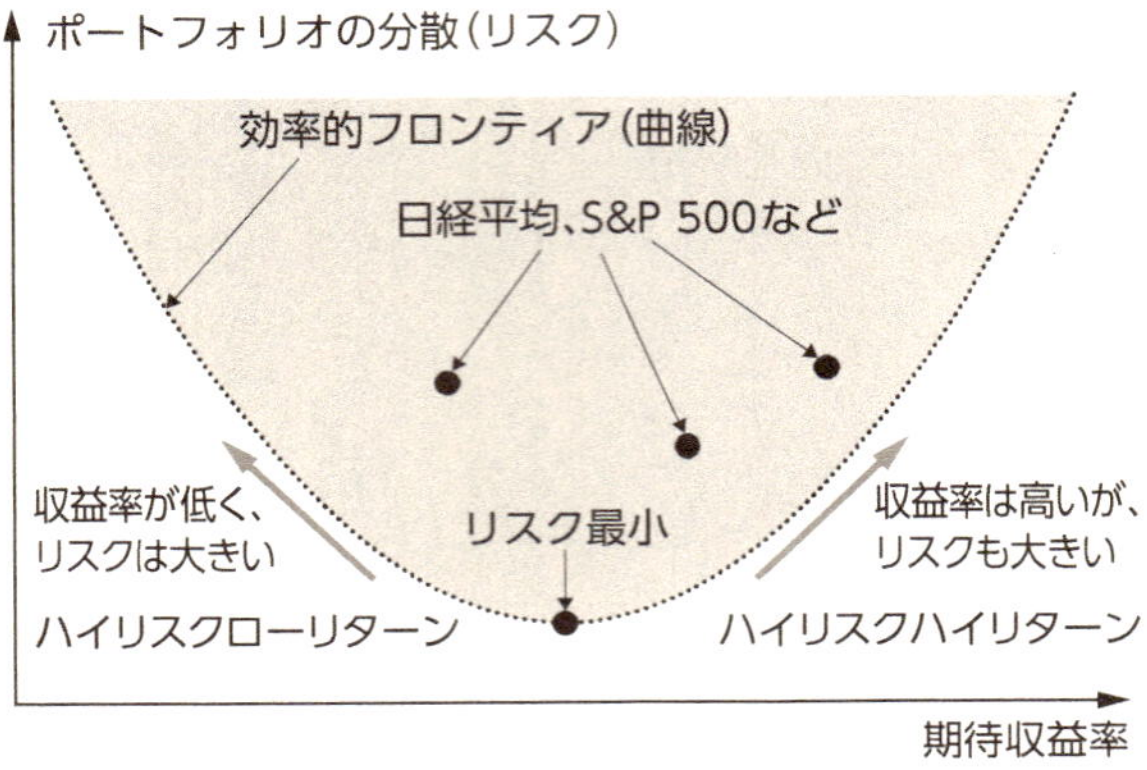

［図6・2］ 期待収益率とリスクの関係

こうした考えから、この放物線のことを「効率的フロンティア」と呼ぶようになりました。フロンティアとは、境界、辺境、国境などを意味します。

効率的フロンティアは放物線ですから、放物線上でもっともリスクが小さくなる点を求めることができます。[*6] マーコビッツの理論によれば、リスク最小の点に対応するポートフォリオが計算でき、そして、これこそがまさに投資家が求めるベストなポートフォリオである、というわけです。

なお株式投資に詳しい人は、技術的な問題が気になるかもしれません。たとえば、計算で出てきたポートフォリオで、123・45株買えばいいという結果が出ても、実際に株を購入できるのは100株単位だったり1000株単位だったりするからです。このような制約をつけると、問題は単純な二次関数の話ではなくなりますが、コンピュータに計算させることはできます。

うますぎる話にご用心

たしかに、いろいろな銘柄に分散投資することによってリスクは下がりますが、同時に期待収益率も下がります。これは、原理的に避けられないことです。リスクを負ってハイリターンを狙うか、ローリターンでも安全なので良しとするか。ローリスクでハイリターンというわけにはいきません。

詳しくは第15章で取り上げますが、正規分布に基づいて計算すると、変動率が大きくなるほど、つまり値動きが大きくなるほど、それが起こる確率が急激に小さくなり、やがて無視できるほど小さくなります。しかし、実際の株価の場合は、変動幅が極端に大きくなる確率が、無視できないほど大きいのです。そのため、分散投資しても大損する（逆に大儲けできる）ことがあります。また、普段は連動していなくても、世界金融危機のような大事件があるといっせいに売りが入り、リスク軽減効果がなくなることも考えられます。

分散投資でリスクが減るとはいえ、安全とまではいえないことが分かるでしょう。うますぎる投資話にはご注意ください。

第6章のまとめ

（a）分散投資の本質は、できるだけ相関の低い株に分けて投資することです。
（b）どの株にどれだけ配分するかをポートフォリオといいます。
（c）ポートフォリオの期待収益率と収益率の分散（リスク）の間には、二次関数の関係（効率的フロンティア）があり、適当な期待収益率を選べばリスクが最小になります。
（d）分散投資でリスクが消滅するわけではありません。

第2部

隠れた関係をあぶりだす

第2部では、統計学の代表的手法の中から、比較的よく利用される「検定」と「回帰分析」を取り上げます。

数式なしの説明が難しいという難所ですが、身近な話題を素材に、シミュレーションや図解を多用してみました。専門書に取り掛かる前に読んでもらえれば、理解が容易になるはずです。

第7章 麦酒研究部はB型王国

もあ　うちのサークル、B型が多い、絶対。独特のオーラが出てる。ムンムンする。

譲二　あー、またB型批判か。やめてくれ。B型は、絶対いいことをいわれないんだから。そういえば、たしかお前は麦酒研究部に入ってるんだよな。

もあ　そう。感じるのよ、お父さん的な何かを。

譲二　B型は学者肌だからな。知性あふれる人物の集団、ってことなら当たってる……と言いたいところだけど、偶然だっての。

もあ　そう言うと思った。ふふ♡

譲二　なんだなんだ。

もあ　ふふふ。データがあるんですよ、じつは。

譲二　おお！　さすが俺の娘。

血液型	A	O	B	AB	合計
人　数	31	25	29	11	96

［表7・1］ 麦酒研究部員の血液型分布

もあ　聞き込みの結果、データはこうなったのでした（表7・1）。部員総勢96人の血液型分布はこれだっ！

譲二　えっ、96人もいるの？　でかいサークルだなぁ。

もあ　でしょ。私、会計係なの。権力者♪

譲二　会計が権力者？　それは幻想に過ぎないのでは……。ともかく、たしかにB型が多いように見えるな。日本人だと、A型：O型：B型：AB型の比率は、だいたい4：3：2：1になるはずだ。なのに、B型がO型よりも多くて、しかもA型とほとんど差がない。

もあ　でしょでしょ、B型王国。でも、「B型が明らかに多いかどうか」ってことを統計的にはどうやって判断するんだっけ？

譲二　これは、典型的なカイ2乗検定の問題だ。

もあ　検定って？

譲二　ううむ。この分だと、最初から説明する必要がありそうだな。じゃ、これから講義を始めるぞ！

もあ　突然立ち上がっちゃって、気合入ってるね。
譲二　えー、今日の統計学Ⅰでは、統計用語の基礎知識について話します。まず、今回の例では、日本人全体を「母集団《ぼしゅうだん》」、麦酒研究部員を「標本（サンプル）」といいます。
もあ　母の集団？　それ、怖いね。ははは。
譲二　英語ではポピュレーション（population）といって、母とは関係ないから安心したまえ。ここでは、部員は日本全国から集まって来ているけれど、統計では「母集団から標本を選び出している」と解釈する。これをサンプリングと呼びます。そして、日本全国から偏りがないように（ランダムに）麦酒研究部に集まって来ているとする。そういうふうに無作為に取り出すことを「ランダムサンプリング」といいます。
もあ　講義、お疲れ。でも、うちの大学はそもそも東京出身の人が多いんだけどな。
譲二　うん、本来はそれも考慮しないといけない。だけど、各都道府県から偏りがないように集まって来ていると仮定するわけ。
もあ　そこまで細かいことは考えないのね。
譲二　神経質になりすぎないのが、統計を使いこなす秘訣だ。結果が微妙だったら、細かいことまで考え直せばいい。
　そう仮定すると、A型、O型、B型、AB型それぞれの期待人数が計算できるだろ。たとえば、

A型はだいたい4割だから、96人の4割で38・4人いることが期待できる、というふうに計算する。実際は、期待人数とぴったり同じになることはめったになくて、40人とか35人とか、ちょっとズレるけどね。ズレがとんでもなく大きくなることは、ほとんどないはず。

もあ　でも、「計算上38・4人になるはずなのに、実際は5人だった」みたいな場合はどうなるの？

譲二　そういうとんでもない数になった場合は、「麦酒研究会の血液型分布は、全国の血液型分布とは違うものだ」と判断できる。これが検定だ。

もあ　「とんでもない数」かどうかって、どうやって判断するの？　その基準は決まってる？

譲二　もちろん、最初に基準を決めておいて、基準よりも大きいか小さいかで判断するんだよ。この基準を「有意《ゆうい》水準」っていうんだけど。

もあ　そうなる確率が1％以下だったらオカシイとか？

譲二　1％にするときもあるけれど、よく使われるのは5％っていう基準だね。

もあ　ふーん、決まった基準があるわけじゃないんだ。案外柔軟っていうか、いいかげんなんだねえ。

譲二　だけど、カイ2乗検定がいいかげんなわけじゃないよ。

もあ　カイって？

譲二　その貝じゃない。カイってのは、χと書く。ギリシャ文字のエックスだね。カイ2乗検定で出てくるカイ2乗値は、簡単にいうと、ズレの大きさのことなんだけどね。

もあ　なるほど。ところでお父さま、もう日も暮れてきたので、そろそろ検定していただけないでしょうか。

譲二　検定には、もうちょっと正確な日本人の血液型分布が必要だ。そのくらい自分で調べなさい。

もあ　はいはい。ウェブで検索すればいいんだよね？　あった。

血液型	A	O	B	AB
比率(%)	38.6	27.0	25.4	9.0

［表7・2］ 日本人の血液型分布
（NPO血液型人間科学センターの調査結果による）

譲二 よし、このデータは使えそうだな。
もあ え？ O型とB型が同じくらいの比率なの？ 4：3：2：1になってない……。嫌な予感がする。
譲二 ま、とにかくやってみよう。カイ2乗検定にかけてみると——（譲二、データをソフトウェアに入力する）。結果は、カイ2乗値が2・5408。
もあ ん？ それって、どういう意味なの？
譲二 もし麦酒研究部の血液型分布が全国の血液型の分布と同じだったら、カイ2乗値は0になる。逆に、カイ2乗値が大きくなればなるほど、普通じゃないことが起きている確率が高くなるってわけ。
もあ ふむふむ。でさ、このカイ2乗値で、どういう結論が出たわけ？
譲二 これだけでは何ともいえない。カイ2乗検定では、P値っていう値を出すのが最終目的だからね。
もあ なぁんだ。カイ2乗検定だから、てっきりカイ2乗値がいちばん重要なのかと思ったよ。

譲二　たしかに、誤解しやすいかもな。で、肝心のP値だけど、これは０・４６８。

もあ　ピーチ🍑って、何を表してるの？

譲二　カイ2乗値が、この数字以上になる確率。

もあ　するってぇと、「全国の血液型と同じ比率の人たちが気まぐれにうちの部に入ったとしても、偶然この比率になる確率が46・８％もある」ってこと⁉

譲二　そのとおり。おしかったねぇ。

もあ　B型王国はまぐれか。くやしいっ、負けた！

譲二　ははは。B型はそんなに変わった生き物じゃないと、俺は思うぞ。

もあ　あーあ。今日は朝から部員に血液型を聞いて回って、もう夕方になっちゃったよ。私の一日を返して！

譲二　ま、そういうときもあるさ。今日はちょっといいビールがあるから、一緒に飲もうや。

もあ　お、もしかしてギネスビール？　私、好きなんだよね。今夜は飲もう！

解説

無に帰したい仮説

会話編に出てきたような表を、どこかで見かけたことはありませんか。さまざまな調査の結果は、こうした形にまとめられることが多いと思います。

たとえば、大学生に対して「あなたは将来、海外で生活してみたいと思いますか？」と質問したとしましょう。架空の例ですから、深い意味はありませんけれど。その結果は、表7・3のような形で表されることが多いと思います。

この表は、2×3のクロス表です。縦×横の順序で表現されるこのような形の表を、クロス表（または分割表）といいます。会話編に出てきたものは、1×4のクロス表です。クロス表ではその名のとおり、クロスした部分にそれぞれの属性に該当する数が入ります。クロス表の検定には、多くの場合、カイ2乗検定が用いられます。

さて、実際に検定するときは、最初に仮説を立てて、その仮説がどのくらいの確率で正しいかを問題にします。

会話編の例で立てられた仮説。それは「麦酒研究部員の血液型分布は、日本人の血液型分布と

	思う	どちらでもない	思わない
男	11	10	25
女	18	12	17

［表７・３］　クロス表の一例、アンケート結果

同じである」というものです。もあは、この仮説は当たってほしくないと思っています。無に帰したい仮説ですから、「帰無《きむ》仮説」と呼びます。

反対に、「麦酒研究部員の血液型分布は、日本人の血液型分布と異なる（同じではない）」という仮説を「対立仮説」といいます。

●観測度数と期待度数

カイ２乗検定をするとき、実際に観測された人数や個数、事件・事故の回数などのことを「観測度数」と呼びます。会話編の例でいうと、Ａ型、Ｏ型、Ｂ型、AB型の観測度数は、それぞれ、31人、25人、29人、11人になります。

一方、「期待度数」とは、期待される人数や個数、事件・事故の回数などのことです。会話編の例では、Ａ型、Ｏ型、Ｂ型、AB型それぞれの全国における比率が、０・３８６、０・２７０、０・２５４、０・０９０で、部員は96人という

ことでした。ですから、もし帰無仮説が正しい、つまり「部員の血液型分布が全国の血液型分布と同じだったとした場合」に期待される人数＝期待度数は、次のようになります。

A型の期待度数＝96×0・386＝37・056人
O型の期待度数＝96×0・270＝25・92人
B型の期待度数＝96×0・254＝24・384人
AB型の期待度数＝96×0・090＝8・64人

●私たちってズレてるの？

次に、カイ2乗検定をするにあたっては、「観測度数と期待度数がどのくらいズレているか」を測る必要があります。そのための手段を考えてみましょう。

ひとつのアイディアですが、「（観測度数－期待度数）の2乗をクロス表のマス目（これをセルといいます）ごとに合計したものをズレの尺度にする」というのはどうでしょうか。なかなか悪くない考え方ですが、「（観測度数－期待度数）の2乗」という尺度は、サンプルサイズが大きくなればなるほど、それにつれて大きくなってしまいます。比率が同じなのに、サンプルサイズによって尺度が変わる。これでは困りますね。

こうしたことを防ぐために、「（観測度数－期待度数）の2乗」を期待度数で割ることにしま

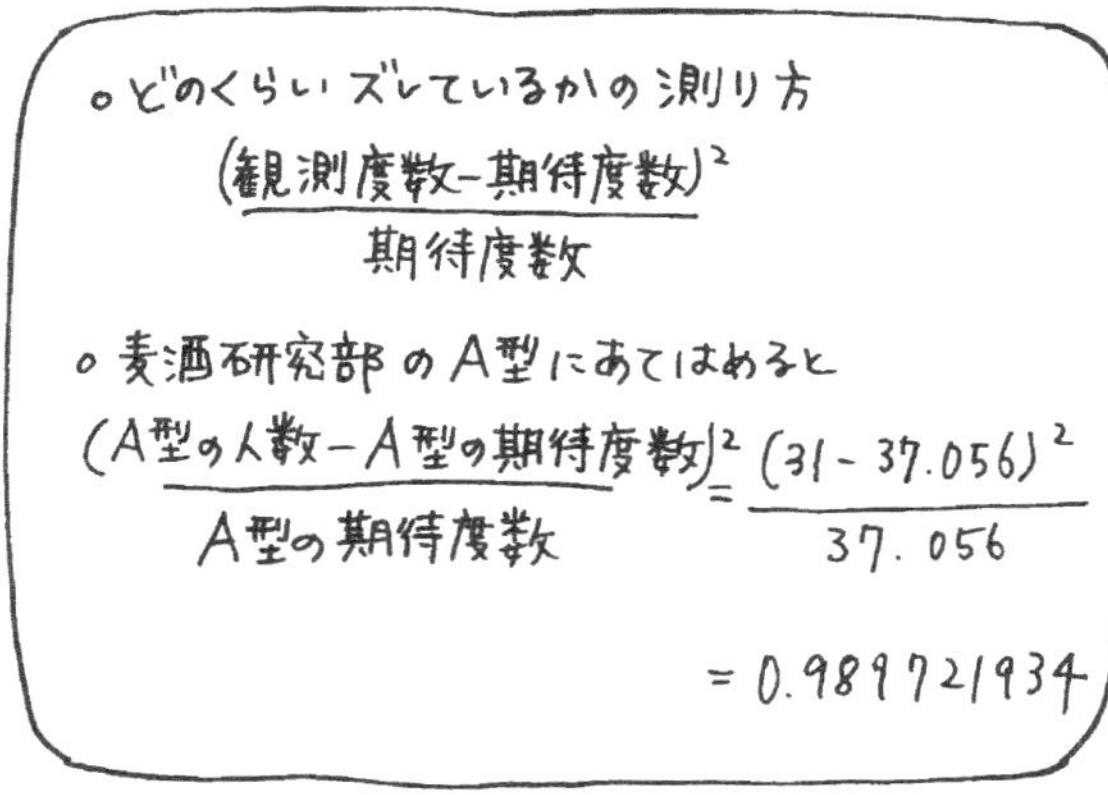
○どのくらいズレているかの測り方
(観測度数−期待度数)²
期待度数
○麦酒研究部のA型にあてはめると
(A型の人数−A型の期待度数)²
A型の期待度数
= (31 − 37.056)²
37.056
= 0.989721934

［図７・１］　データ（観測度数）のズレを測る

す。式にまとめると、図７・１のようになります。これをクロス表のセルの数値ごとに計算して合計したものが、カイ２乗値です。

これを麦酒研究部の例にあてはめ、それぞれの血液型について計算すると、次のようになりました。

A型　０・９８９７２１９３４
O型　０・０３２６５４３２１
B型　０・８７３８２９３９６
AB型　０・６４４６２９９６３

これらの数字を合計して、２・５４０８３５というカイ２乗値が計算できました。

会話編で譲二が言っていたように、もし、すべてのセルの値が期待度数とぴったり同じであれば、カイ２乗値は０になります。逆に、カイ２乗値が大きくなればなるほど、期待される度数から外れた、いわば「異常事態」に近付いているわけです。

ここで「異常」といったのは、物事の「起こりにくさ」というような意味です。そして、この「起こりにくさ」は、確率で表すことができます。たとえば麦酒研究部の血液型の例では、カイ2乗値が7・815よりも大きくなる確率は5％未満、同じく11・34よりも大きくなる確率は1％未満ということが、後述するカイ2乗分布から分かっています。つまり、カイ2乗値が大きくなればなるほど、その確率も小さくなるわけです。

そういう意味で、カイ2乗値は一種の「異常さの尺度」ともいうことができます。では、麦酒研究部の例で出てきたカイ2乗値2・540835という数値は、どれくらいのズレ＝異常さを表しているのでしょうか。

カイ2乗値のパートナー、自由度を求める

カイ2乗検定を使うときには、あらかじめ計算しなければならない値が、カイ2乗値のほかにもうひとつあります。「自由度」です。

自由度とは、その名のとおり「自由に動ける変数の数」のことなのですが、困ったことに、自由度を正しく理解するのは意外と難しいようです。学生からもよく質問されます。「変数って、全部自由に動けるような気がするんですけど……」と何度言われたことか。名前が良くないのか

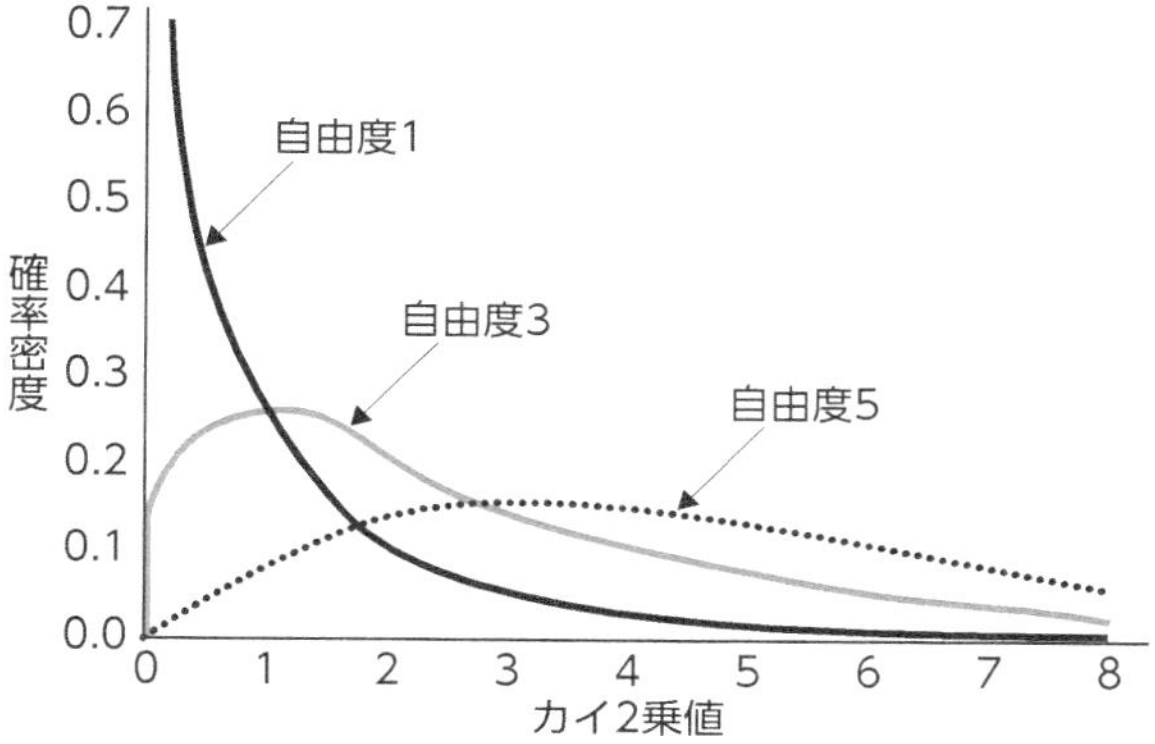

［図７・２］　自由度とカイ２乗分布の形

もしれませんね。ちなみに、英語でも degree of freedom というので、たしかに自由度です。

この自由度をなぜ求めなければならないのかというと、理由はただひとつ、仮説が正しいかどうかを判定する際に用いる分布（カイ２乗分布）が、自由度によって変わってしまうからです。図７・２を見てください。このグラフの横軸はカイ２乗値、縦軸が確率密度です。自由度が違えば、カイ２乗値から得られる確率も変わってしまうのです。

そんな自由度を求める方法についてこれから少し説明しますが、現在はソフトウェアが自由度を計算してくれることが多いようです。この先をちょっと読んでみて、自由度の計算はどうも難しいと感じたら、とりあえず読み飛ばしてしまってもかまいません。

まず自由度の定義として、「自由度とは、（独立に分布する変数の数）マイナス（推定パラメータ数）である」というものがあります。この定義に会話編の例を当てはめて、自由度を計算してみましょう。

「独立に分布する変数」は、A型、O型、B型、AB型のことです。

「推定パラメータ」とは、ここでは「それぞれの血液型の期待度数（人数）を決めるのに使われる変数」のことですが、こういわれるとちょっと難しい感じがするかもしれませんね。そこで、たとえばの話ですが、「合計の人数」が決まっているとしたらどうでしょう。それにA、O、B、AB型それぞれの比率（日本人全体の血液型の比率）を掛けていけば、すべての期待度数が決まりますね。したがって、推定パラメータは「合計の人数」だと分かります。

なお、もしかすると「全国の血液型分布（つまり4つの血液型の比率）も推定パラメータに含まれる」と思う人がいるかもしれません。しかし、ここで「推定パラメータ」といっているのは、サンプルから得られた数値を使って「推定した」パラメータのことです。全国の血液型比率はすでに分かっているものであって、麦酒研究部員の血液型から推定したものではありません。ですから、推定パラメータの中には含まれないのです。

さて、これらの結果を先ほどの定義「自由度とは、（独立に分布する変数の数）マイナス（推定パラメータ数）である」に入れてみましょう。

独立に分布する変数の数＝血液型の種類だから4
推定パラメータの数＝合計の人数だけなので1
したがって4－1＝3で、自由度は「3」となります。この検定では、自由度3のカイ2乗分布を利用すればよいことになるのです。

P値はコーヒー？

P値とは、「帰無仮説が正しいと仮定したとき、検定に使う値（ここでは、得られたカイ2乗値）がその値以上になる確率」のことです。Pは、Probability（確率）の頭文字です。最終的に検定で必要になるのは、じつはこのP値になります。

P値は、自由度で決まったカイ2乗分布のグラフにおいて、与えられたカイ2乗値以上の部分の面積を計算する（積分する）ことによって求められます。これを手で計算するのはたいへん面倒ですが、ありがたいことに、現在ではソフトウェアが一瞬で計算してくれます。

麦酒研究部の例では、カイ2乗値は2・540835。カイ2乗値がこの数値以上になる確率がP値で、その値は0・468（46・8％）でした。つまり、麦酒研究部のような血液型分布になる確率は、46・8％もあることになります。したがって、とくに珍しいことではないといえるでしょう。

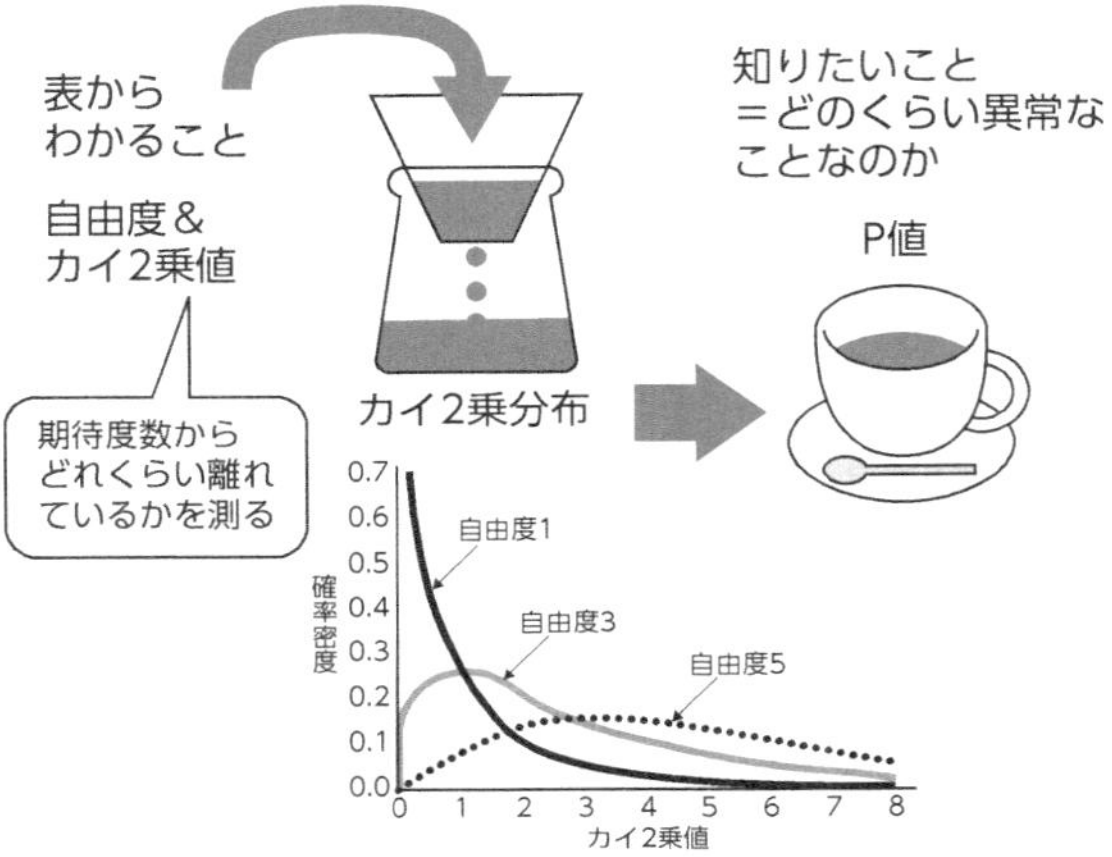

［図7・3］ 自由度とカイ2乗値からP値が求められる

こうした一連の流れは、図7・3のように、コーヒーを淹れる作業にたとえて説明することができます。自由度とカイ2乗値（お湯とコーヒーの粉）をカイ2乗分布（フィルタ）に通すと、P値（コーヒー）が出てくる。お湯だけ飲むのは味気ないですし、コーヒーの粉だけ舐めてもむせるだけでしょう。2つを混ぜて適切にフィルタにかければ美味しいコーヒーになるけれど、どれが欠けてもコーヒーはできあがらない、というわけです。

5%は仮説

一般に、「珍しいことが起きた」とか「これは偶然ではなさそうだ」という基準として、「5%以下」という基準が利用されます。これを有意水準といいます。

「有意」というのは、「確率的に偶然とは考えにくく、意味がある」ということです。P値が0・05よりも小さくなれば5％で有意となり、帰無仮説は棄却され、対立仮説が支持されます。麦酒研究部の例でいえば、「部員の血液型分布は、日本人の血液型分布と同じである」という帰無仮説はどうも間違いで、「部員の血液型分布は、日本人の血液型分布と異なる」という対立仮説が正しいといえそうだ、という結論になるわけです。

この5％という数字は、とくに根拠がはっきりしているわけではありません。いってみれば、慣習として利用されているわけです。学問分野によって違いがあり、有意と考える基準が10％だったり、1％だったりします。いずれにせよ、切りの良い数字を選んでいるという感じがします。

大切なのは、検定ではあくまで「偶然といえる確率がどのくらい小さいか」を問題にしているのであって、「結論が絶対正しい」とまでは断言できないということです。高い確率でそういえるというだけで、統計的検定とはそうしたものなのです。

血液型性格診断を信じますか

ABO式の血液型は、赤血球の表面の糖鎖によって決まります。糖鎖とは、糖質（炭水化物ともいう）が鎖のようにつながったもので、これが赤血球の表面にびっしり生えています。

みなさんも知っているとおり、「血液型が性格と関係する」という説が日本人の間で広く流布しています。しかし、そもそもこの説は本当に正しいといえるのでしょうか？

このような場合、専門家の論文を調べてみるという手があります。私も調べてみましたが、まず血液型と性格の関係を調べた論文は、それほど多いとはいえないようです。また、調査方法も「物事にこだわらない」といった項目をセルフチェックさせるものだったりします。これは実際の性格というよりも、自己イメージの調査でしょう。これだけ血液型性格診断が普及している状況では、それに合わせて自己イメージを持ってしまう可能性があります。たとえば、「自分はA型だから、慎重に行動するタイプなのかも……」などと思い込むようなことは、いかにもありそうに思えます。

そう考えると、仮に有意な結果が出ても、今ひとつ信頼がおけません。ここをクリアにするためには、血液型性格診断をまったく知らない人たち（たとえば日本人以外の人たち）について、調査する必要があるでしょう。

以上のように研究は十分とはいえませんが、これまでの論文では否定的な結果が多く、仮に何らかの差があるにしても、それは偶然といえないほど大きな差ではないようです。もっとも、何をもって無関係と思うかはややこしい問題ですけれども。

ともかく、血液型の話題は、茶飲み話程度ならば楽しいものではありますね。

第７章のまとめ

（a）ある仮説（帰無仮説）が正しいといってよいかどうかを統計学的に判断する方法を検定といいます。
（b）仮説が正しいとしたときに、サンプルが観察される確率をＰ値といいます。
（c）Ｐ値が定めておいた値（有意水準）よりも小さいとき、帰無仮説を棄却し、対立仮説を支持します。
（d）仮説を検定する方法のひとつにカイ2乗検定があり、クロス表の検定に適しています。
（e）カイ2乗検定を行うには、カイ2乗値と自由度の2つが必要です。
（f）カイ2乗検定で使われるカイ2乗分布は自由度によって形が変わります。
（g）自由度とは、「（独立に分布する変数の数）マイナス（推定パラメータ数）」です。
（h）帰無仮説をもとに計算される期待度数とサンプルの観測度数が同じなら、カイ2乗値はゼロ。期待度数と観測度数のズレが大きくなると、カイ2乗値も大きくなります。

第8章　大人の事情

もあがノート片手に家へ帰ってきた。どこかうきうきした様子である。

もあ　んふ♡

譲二　なんだなんだ、その笑顔は。

もあ　いや、自治会の調査でさ、うちの大学の一人暮らしの女子と親元から通ってる女子で、どっちのほうが彼ができやすいかを調べたの。

譲二　ほう。そりゃ、面白そうだな。

もあ　でしょ。いい調査でしょ♪　でね、結果がこれ（表8・1）なのよ。じゃん！

譲二　お、こんなに恋人がいるの？　けしからんなぁ、今どきの大学生は。一人暮らしだと、ほとんど半々の割合じゃないか。

	恋人あり	恋人なし
親元	34	86
一人暮らし	17	18

［表8・1］「恋人あり・なし」の調査結果

もあ　でしょ。そうなんだな、これが。でさ、一人暮らしのほうがホントに有利かを判定するときに使うのは、カイ2乗検定だったと思うんだけど。やり方が分からんのですよ。

譲二　カイ2乗検定？　この間、やったばかりじゃないか。

もあ　今回は、前回と表の形が違うし。

譲二　これは、クロス表のいちばん簡単なやつですな。

もあ　比率で見ると、もう一人暮らしの圧勝みたいな気がする。だって、48・57％対28・33％だもん。これなら間違いないよね。

譲二　たしかに、そんな気はするかな。

もあ　前回みたいに、「期待度数との差をとって2乗して、期待度数で割って足す」わけだよね？　でも、血液型みたいに全国の女子大生の恋人ありなし比率が分かってるわけじゃないから、難しいでしょ。期待度数って、どうやって出せばいいの？

譲二　この場合の期待度数は、全員のうち、恋人がいる人、いない人の比率を使って計算する。全部で34＋86＋17＋18＝155人いるうち、恋人がいるのは34＋17＝51人でしょ。だから、155分の51が、恋人がいると期待される比率。これに、それぞれの人数を掛け算して求める。

もあ　あ、そうか。それが全国の血液型の比率と同じ役割を果たすわけだ。

譲二　そう。

もあ　あとは、血液型と同じようにすればいいんだね。

譲二　いや、この場合は普通に計算すると精密じゃない。イエーツの補正を使ったほうがいいね。

もあ　は？　カイ2乗検定って精密じゃなかったっけか？

譲二　精密じゃないよ。そもそも近似だからね。

もあ　うわー、それは知らなかった。

譲二　とくに、今回のような2×2のクロス表のときは、カイ2乗分布での近似がよろしくない。補正が必要なんだ。イエーツの補正は、大学で習わなかった？

もあ　そういえば、あったね。名前だけはよく覚えてる。イエーツって、アイルランドの詩人と同じ名前でしょ。中身は忘れたけど。

譲二　名前より、中身を覚えておこうよ。まぁ、昔と違って今はソフトウェアが計算してくれるから、気にしない学生も多いのかな。

もあ　で、結果はどうなるの？

譲二　補正後のカイ2乗値は4・1522で、P値は0・04158。

もあ　！　やった！　5％未満ってことね。「一人暮らしの女子のほうが恋人ができやすい」仮説は正しかった！

譲二　よかったな。俺も嬉しいよ。意外とスレスレだけど。

もあ　私も一人暮らししたいなぁ～。

買い物から帰ってきた真音、もあの発言に仰天する。

真音　えっ、もあが一人暮らししたいですって？　あなた、また変なことを教えたわね。

もあ　おっと、マズい人に聞かれちゃった。お父さん、カイ2乗検定の件は内密によろしく。
譲二　大人の事情ってことで。

解説

カイ2乗検定リターンズ

自由度は、前章で出てきましたね。定義は「(独立に分布する変数の数) マイナス (推定パラメータ数)」です。

「独立に分布する変数の数」は2×2＝4で、これは簡単ですね。問題は「推定パラメータ数」です。どうすれば求められるのでしょうか。

カイ2乗値の式には、「期待度数」があります。血液型の例では、日本人全体の血液型比率がすでに分かっていたので、それらと合計の人数を掛ければ期待度数が求まりました。つまり、期待度数を計算するのに必要な数字は、「合計の人数」だけだったわけです。

今回は、「全国の大学生について、恋人がいるかいないか、親元から通っているか一人暮らしか」という問題です。これについて、全国の血液型比率のように確定したデータはありません。ですから、これをクロス表の数字で代用する必要があります。

	恋人あり	恋人なし	合計
親元	34	86	120
一人暮らし	17	18	35
合計	51	104	155

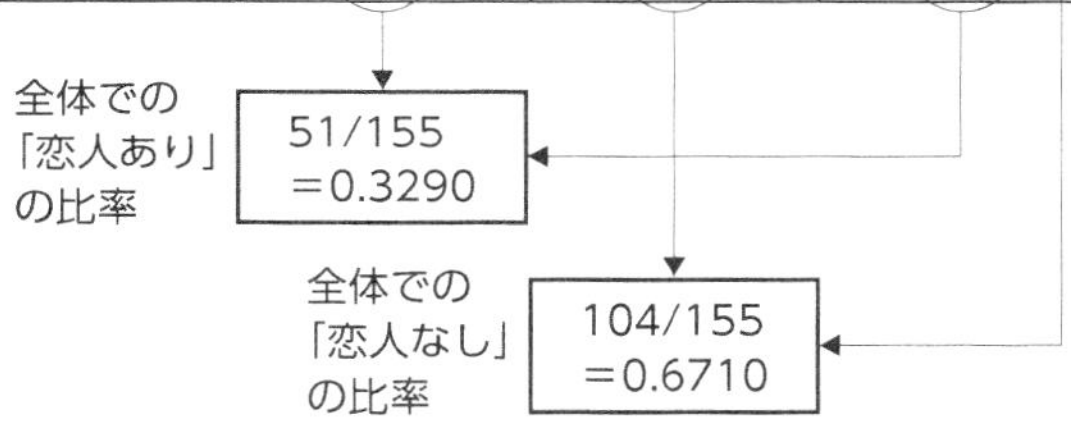
全体での「恋人あり」の比率
51/155 =0.3290
全体での「恋人なし」の比率
104/155 =0.6710

［図８・１］　全体での「恋人あり・なし」比率を求める

図8・1を見てください。今、親元か一人暮らしか無関係に、全体の中で恋人がいる女子の比率を考えてみましょう。全155人中51人ですから、約0・3290になります。同じく、恋人がいない女子の比率は全155人中104人で、約0・6710です。

ということは、次のように計算できます。

「親元・恋人あり」の期待度数＝親元から通っている女子の人数×0.3290

「一人暮らし・恋人あり」の期待度数＝一人暮らしの女子の人数×0.3290

「親元・恋人なし」の期待度数＝親元から通っている女子の人数×0.6710

「一人暮らし・恋人なし」の期待度数＝一人暮らしの女子の人数×0.6710

さて、ここで期待度数を計算するのに必要な数字はいくつあるでしょうか。

答えは、「合計の人数」、「恋人あり人数」、「親元から通っている人数」の3つがあれば、すべての期待度数が計算できます。なぜなら、「恋人なしの人数」は、「合計の人数」から「恋人ありの人数」を引けば求まりますし、「一人暮らしの人数」は、「合計の人数」から「親元から通っている人数」を引けば求まるからです。

つまり、期待度数を計算するのに必要な推定パラメータ数は、3です。したがって、自由度は4－3＝1になります。

一般にクロス表の自由度は、たとえば5×6のクロス表なら、(5－1)×(6－1)＝4×5＝20というように、(行の数－1)×(列の数－1)で求めることができます。しかし、前章の血液型の例(1×4のクロス表)では、あらかじめ全体の血液型比率が分かっていたので、この公式は当てはまりません。

もし、自由度が分からなくなったら、自由度の定義を振り返って、ここで書いたように必要な数字がいくつあるかを数えてみてください。

正常と異常を分けるもの

さて、自由度が1だと分かったので、カイ2乗分布のグラフが決まったことになります(図

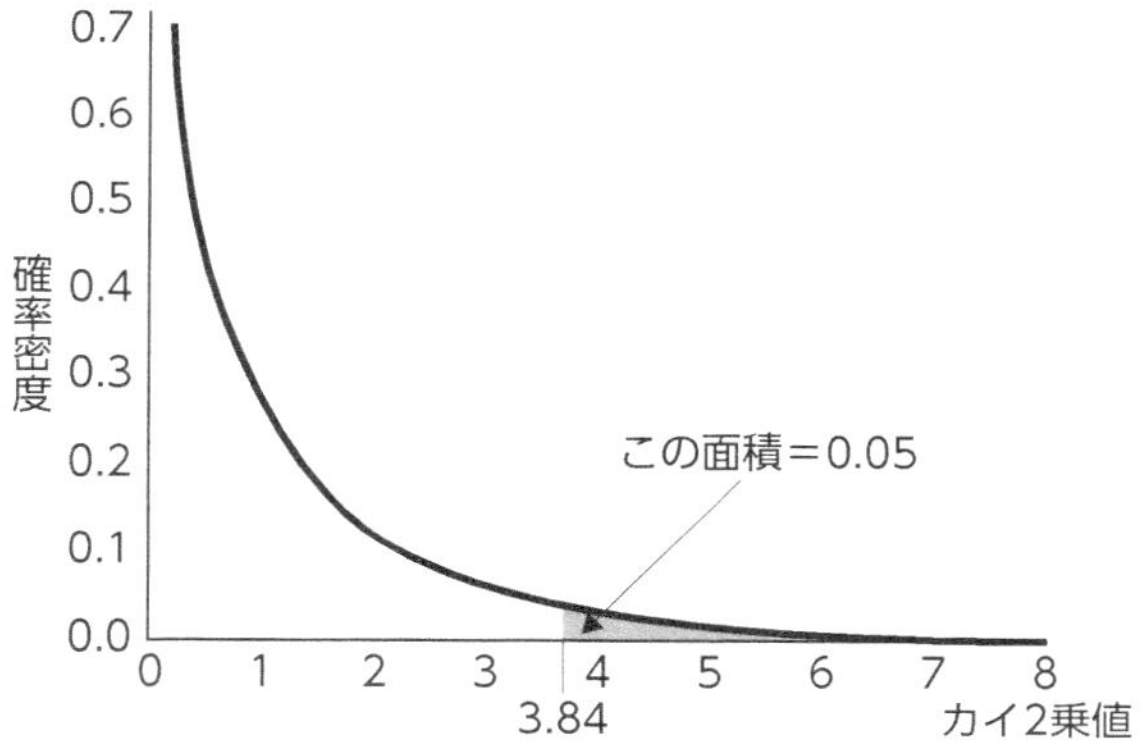

［図８・２］　カイ２乗分布のグラフ（自由度１の場合）

８・２）。カイ２乗分布は、このように連続的でなめらかな曲線になっています。このグラフは、横軸がカイ２乗値で縦軸が確率密度です。

確率は第５章で説明したように、面積で表されます。今回の例でいうと、Ｐ値が５％になる、つまり「図８・２でグレーに塗りつぶした部分の面積が０・０５になるようなカイ２乗値（横軸）」は３・８４になります。

有意水準５％で検定するとき、カイ２乗値が３・８４以上であれば「異常なことが起きた」ことになります。その場合、帰無仮説は棄却され、対立仮説が採用されます。

逆に、３・８４未満であれば、起きたことは異常とはいえないので、帰無仮説は棄却できないことになります（図８・３）。

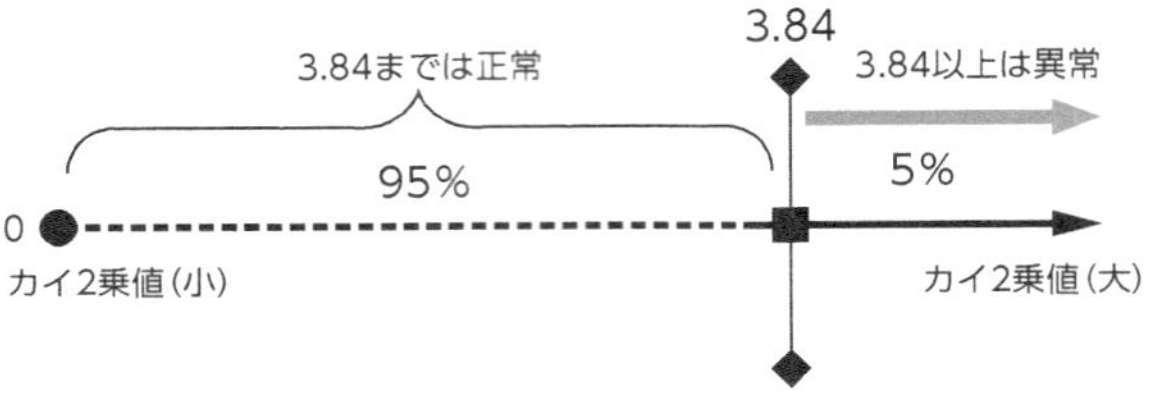

［図８・３］　正常と異常の境界

●補正前、補正後

正常と異常の境界が分かったので、さっそくカイ2乗値を計算してみると、結果は５・０２７１になりました。P値は０・０２４９５で、５％（０・０５）よりも小さいため、帰無仮説は棄却されることになりますが、本当にそれでよいでしょうか。

今回の恋人調査では、データはそれぞれのセルに該当する人数です。人数は1人、２人というとびとびの値を取り、１・４３人というような値にはなりませんね。このように、とびとびの値を取る変数を離散変数といいます。

クロス表のデータは離散的なのに、カイ2乗分布のグラフは図８・２のように連続的（なめらか）です。そのため、カイ2乗値の値を計算する際に、どうしても誤差が出ます。この誤差が無視できない場合として、広く利用されている基準に次の２つがあります。

（基準1）「期待度数が5未満のセルが、全体の20％以上ある場合」

これは、カイ2乗値を計算するとき、分母が期待度数になっていることからきています。つまり、期待度数が小さいと、そのセルに対応するズレの尺度「$(観測度数-期待度数)^2/期待度数$」が大きくなりすぎてしまうのです。

（基準2）「2×2のクロス表の場合」

これは大ざっぱにいうと、表のサイズが小さすぎて、デコボコが大きく出すぎてしまうということからきます。本来はデコボコしているのに、それを連続的な分布で近似するのですから、どうしても無理が出るのです。こうしたときに「無理」を修正する技術が、会話編に出てきたイエーツの補正です。

イエーツの補正とは、カイ2乗値に登場する「観測度数と期待度数の差」の代わりに、「観測度数と期待度数の差の絶対値から0・5を引いたもの」を使う[*7]というものです。

式で書くと、次のようになります。

$$\frac{(|観測度数-期待度数|-0.5)^2}{期待度数}$$

絶対値は余計に見えるかもしれませんが、絶対に忘れてはいけません。先ほどの（基準1）

（基準2）の条件に当てはまる場合、カイ2乗値が大きくなりすぎてしまうので、値を小さくするために0・5を引きます。この修正を行うと、「無理」が無視できるほど小さくなるのです。

会話編の恋人調査の例でいうと、補正後のカイ2乗値は4・1522、P値は0・0415となります。補正後のP値は、補正なしのP値0・02495よりも大きくなっています。つまり、補正なしの場合、より有意と判断されやすかったのです。イエーツの補正によって、検定結果は「やや厳しめ」になります。

今回の例では、補正されても結論は変わりませんでした。しかし事例によっては、補正前に「有意」と判断されても、補正後に「有意でない」という結論にひっくり返る場合があります。

なお、統計の専門家の世界では、イエーツの補正については議論があります。本書ではやや厳しめの検定結果がでたほうがよいという立場（保守的な立場）に立ちましたが、逆に、イエーツの補正で検定結果が厳しくなりすぎているのではないかという意見もあるのです。適用条件についても、（基準1）（基準2）の他、さまざまな条件が考えられています。統計は一種の技術ですから、微調整をめぐってはさまざまな見解があるようです。[*8]

第8章のまとめ

（a）（基準1）「期待度数が5未満のセルが全体の20％以上ある場合」、（基準2）「2×2のクロス表の場合」にはイエーツの補正を使います。

（b）イエーツの補正によって、カイ2乗値は小さくなり、P値は大きくなります。補正しないときよりも厳しめの判定になります。

第9章 肉で勝つ！

学生　あの……。

譲二　うわ！　びっくりした。怖いよ、君。

学生　すみません、デカくて。1年の豊富《とよとみ》です。

譲二　何か質問？

豊富　「統計学Ⅰ」のレポートで悩んじゃって。

譲二　あ、僕の科目。何を悩んでるの？

豊富　回帰分析の自由課題がありましたよね。それで、「肥満度と収入の関係」について調べてるんですけど。

譲二　収入？　うーん、もうちょっと工学部らしい素材はなかったのかなぁ……。

豊富　いや、工学部らしい回帰分析は、実験でやるからつまらないんですよ。で、社会的に意味がありそうなデータを調べようと思って。そしたらある雑誌に、「太ってる人のほうが年収が高い」って書いてあったんです。

譲二　ずいぶん思い切った内容だね。いったい、どんな雑誌なの？

豊富　それが、『焼肉生活』っていう雑誌なんですけど……。

譲二　そんなマニアックな雑誌、よく知ってるねぇ。

豊富　いやぁ、照れますね。で、『焼肉生活』によるとですね、「太ってる人のほうが他人に安心感を与えやすいから、面接とか商談とかがいろいろうまくいって、その結果、収入が上がる」と。

譲二　ふーん、いいじゃないか。雑誌見せてよ。へえ、全編、肉の話だね。今月の特集は「肉で勝つ！」か。意味が分からんけど、勝てそうな気がするな、君は。

豊富　データを見たら、たしかにそういう傾向があるみたいなんです。見てくださいよ、働く男性150人のデータ（図9・1）。横軸がBMIで、縦軸が年収です。

年収（万円）＝7・674×BMI＋261・339

R^2値が、0・1258（R^2値については解説編で説明します）。すごい結果でしょ？

譲二　変な雑誌だよ。

豊富　でも、これって、素晴らしい発見じゃないですか？　BMIが1上がると、年収が8万円近くも増えるんですよ。思ったんです。俺、勝ち組、みたいな。

譲二　別に君が太っててもいいよ、僕は。たしかに君には勝てそうにないし。で、いったい何に悩んでるの？

豊富　さすがに、ちょっと都合が良すぎるかな、と思いまして。データを見れば見るほどいい気分になっちゃうんですけど、何かに騙されてるな、と。それで、先生の意見を聞かせてもらえたらと。

譲二　データだけ見れば関係ありそうだね。R^2値が0・1258ってことは、だいたい12〜13％くらいはBMIが説明してるってことになるわけだ。あんまり大きくはないけど、BMIが上がると収入が上がる傾向は、たしかにある。

豊富　そうなんです。

譲二　でもね、このデータだけじゃ、何ともいえないよ。

豊富　ですね。

譲二　だってさ、歳を取るとたいていの男は太ってくるもんだよ。中年太りってやつだ。

豊富　僕はどうなるんでしょうねぇ。

譲二　もっと育つんだろうね、横に。

豊富　ですよね。

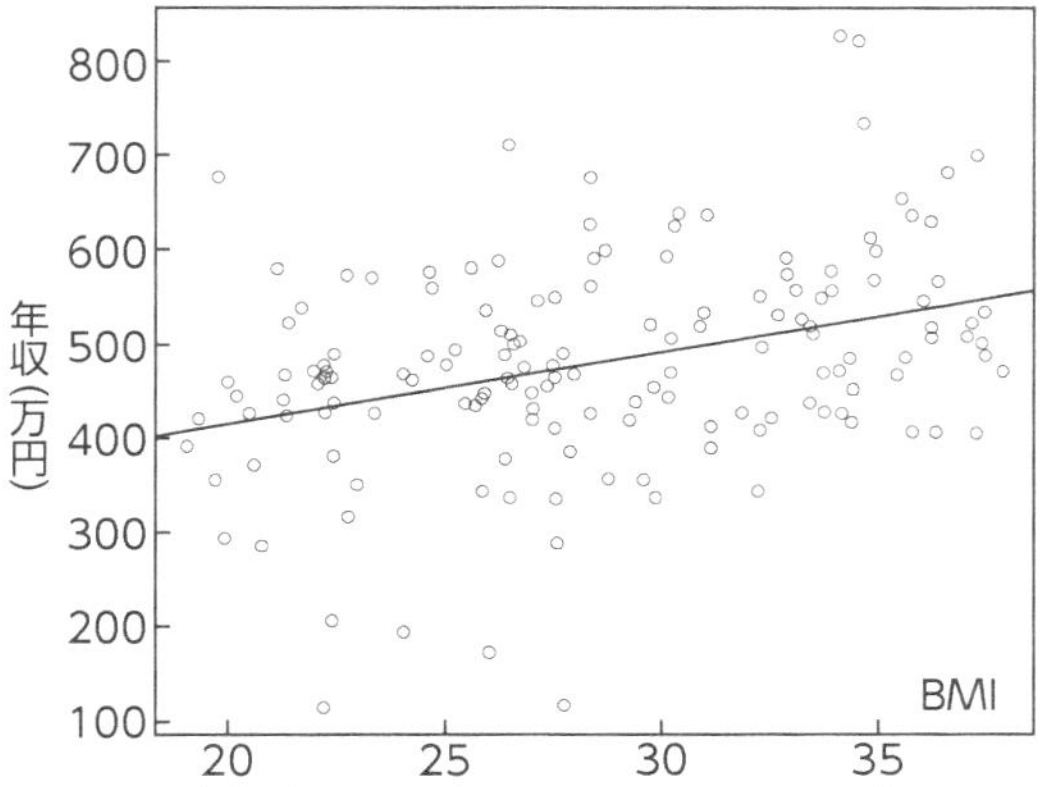

年収(万円)＝7.674×BMI＋261.339　R^2＝0.1258

［図9・1］　肥満度と年収

譲二　で、会社での年功序列はまだまだ残ってるから、歳を取ると、年収も上がるんだよ。

豊富　あー、なるほどぉ！

譲二　この場合、年齢をそろえてないみたいだから、これだけじゃ何とも。これで回答になった？

豊富　参りました。ありがとうございました。じゃ、夕食行ってきます。

譲二　今晩のメニューは？

豊富　炭火黒毛和牛岩塩ホルモンのあぶり焼きっす！

譲二　やっぱり、豊富君には勝てそうにないや。

解説

意外な関係をあぶりだす――回帰直線

会話編では「肥満度と年収」という、意外な関係について議論していますが、こうした関係は、もしかすると本当にあるのでしょうか？

図9・1は、150人の働く男性について、それぞれのBMIと年収のデータの組をザーッと並べた散布図です。右上がりの直線は、「回帰直線」といいます。回帰直線とは、一言でいう

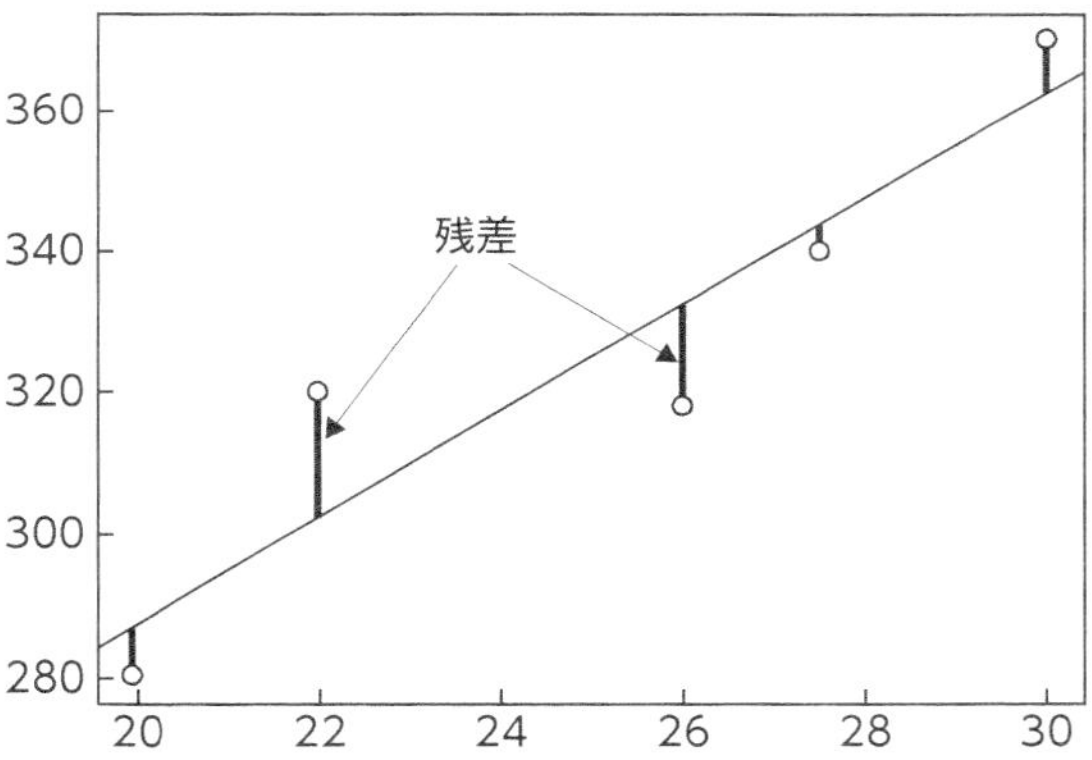

［図9・2］　回帰直線の決め方

と、「データを近似する直線」です。回帰直線を決めることによって、データの傾向をひとつの式に要約することができる、という利点があります。

ここで、回帰直線とはどのような考え方をベースにしているのか、実例を通して見てみましょう。『焼肉生活』のデータはサンプルサイズが大きくて分かりづらいので、小さい例で説明します。

図9・2は、サンプルサイズが5のデータに対する回帰直線の決め方を描いたものです。それぞれのデータと直線との差を「残差《ざんさ》」といいます。ここで、もっともデータに当てはまりのよい直線を決めたいとき、どのように尺度を決めたらよいでしょうか。

ひとつのアイディアとして、「残差を2乗して足したもの（これを残差平方和といいます）を最小にするもの」を求めればよい、と考えることができます。これを「最小2乗法」といいます。2乗したものを考えるとうまくいくのは、第3章で紹介した理由がそのひとつです（じつはもっと深い理由があるのですが、興味のある人は巻末注2を参照してください）。

最小2乗法は、回帰直線を求めるための基本となる考え方です。ただし回帰直線の公式は複雑なので、ここには書きません。計算はソフトウェアがやってくれるので、統計を利用するユーザの立場でいるなら、覚えておく必要もないからです。背景と意味さえ理解していれば、使いこなせます。

今回の『焼肉生活』のデータでは、回帰直線は、

年収（万円）＝7・674×BMI＋261・339

という式になりました。

● R^2値

無事、回帰直線を決めたとして、それがデータをどの程度うまく説明しているか（当てはまりがよいか）、知ることができれば便利ですね。

そんなとき、回帰直線の当てはまりのよさの基準になるものとして、「R^2値」があります。日

本語での正式名称は「決定係数」ですが、玄人《くろうと》はアールスクエアと呼びます。

R^2値は、「説明変数によって、被説明変数（説明される側の変数）の変動（分散）の何%を説明できるか」というふうに言い換えることもできます。まどろっこしいので、この際、式で書いちゃいましょう。R^2値の定義は、次のようになります。

$$R^2 = \frac{\text{推定値の分散}}{\text{標本値の分散}}$$

『焼肉生活』の例では、ＢＭＩによって年収を説明しようとしていましたね。この場合、説明変数はＢＭＩ、被説明変数は年収にあたります。「標本値」とは、被説明変数である年収の実際の値。「推定値」は、直線の式で推定された値のことです。推定値のバラツキが標本値のバラツキをどの程度説明しているか、その割合がR^2値なのです。

この事例ではR^2値は０・１２５８ですから、ＢＭＩは、年収の変動（分散）の12・５８%を説明していることになるのです。[*9] なお、R^2値はどの場合でも必ず0と1の間の数になります。R^2値が1なら１００%で、片方の値（たとえばＢＭＩ）が決まれば、もう片方の値（たとえば年収）が自動的に決まることになりますが、ぴったり1になるケースは実際にはほとんどありません。

●うわべだけの関係

今までの説明によると、ＢＭＩと年収の間に何か関係があるように思えます。しかし、譲二が指摘しているように、これは見かけだけの可能性があります。

この例では、

(a)年齢が上がると、ＢＭＩが徐々に大きくなる
(b)年齢が上がると、年収が上がる傾向がある

というように、年齢という、ここには書かれていない変数が、ＢＭＩと年収の双方を増やす点が考慮されていませんでした。

このような例は、他にもたくさんあります。

たとえば、血圧と年収の関係を調べたら、おそらく「血圧が高いほど年収が上がる」という傾向が見られることでしょう。もうお分かりですね。背後に隠れているのは、この場合も「年齢」です。しかし、このような例でも、「血圧が高い人は精力的だから、その結果、年収も高くなる」というような、一見もっともらしい説明をつけることができます。そのような傾向はもしかすると本当にあるのかもしれませんが、実証するためには、最低でも年齢をそろえて比較する必要があります。

年齢の他によくありがちな落とし穴として、「時間」を挙げることもできます。テレビの各家庭への普及率と寿命は、いずれも時代とともに増えました。そこで、データをそのまま散布図にして回帰分析にかければ、「テレビの普及によって寿命が延びた」という結果を出すことができるでしょう。

●重回帰分析

こうした問題を考えたいとき、より高度な手法として、重回帰分析があります。重回帰分析とは、「ある結果に対して、複数の要因が、それぞれどのような影響を与えているか」を調べる方法です。

たとえば年収をＢＭＩと年齢によって重回帰分析したとき、年齢だけが有意になり、ＢＭＩは有意にならない、という結果が出たとすると、「ＢＭＩは年収に影響を与えているとはいえない」という結論を出すことができます。

これは、社会学などで多用される重回帰分析の使い方ですが、よりダイレクトに目的の値を推定しようとする際にも力を発揮します。

『その数学が戦略を決める』（イアン・エアーズ著・山形浩生訳）には、ワインの質（価格）を、ぶどう畑の冬の降雨量、育成期間の平均気温と収穫期の降雨量から重回帰分析で推定した結果、プロ顔負けの的中率になる例が紹介されています。その道の専門家でなければ分からないと思われていたようなことでさえ、重回帰分析にかけると、たったひとつの数式で解けてしまうのです。

重回帰分析は、しばしば驚くほど強力です。統計にハマった人は、ぜひ重回帰分析も研究してみてください。

第9章のまとめ

(a) 回帰分析とは、説明したい変数（被説明変数）と何らかの変数（説明変数）の間に式を当てはめる手法です。

(b) 回帰直線とは、直線の式と実際の値のズレ（残差）の2乗を最小にするように決めます。

(c) 式の当てはまり具合は、R^2値（アールスクエア）で表現します。

(d) 複数の説明変数を使った回帰分析を重回帰分析といいます。

第10章 長生きできる国、できない国

もあ 寿命って、こんなに違うんだ。びっくり。

譲二 何の寿命？ 俺？

もあ 違うよ、国ごとの平均寿命。WHO（世界保健機関）のデータ（2010年）を見てると考えちゃう。日本人は男女合わせての平均だと、83歳で世界一。で、ジンバブエは何歳かっていうと、たったの42歳。日本人の半分しか生きられないんだよ。いったい何が、人間の寿命を決めてるんだろう。

譲二 衛生状態の良し悪しと医療かな。そのせいで、ジンバブエみたいな国では、子どもが小さいうちに死んじゃうんだよ。だから、平均すると寿命が短いんだ。

もあ 赤ちゃんが死んじゃうなんて可哀想。何も悪いことしてないのに。生まれた国が違うだけなのに。

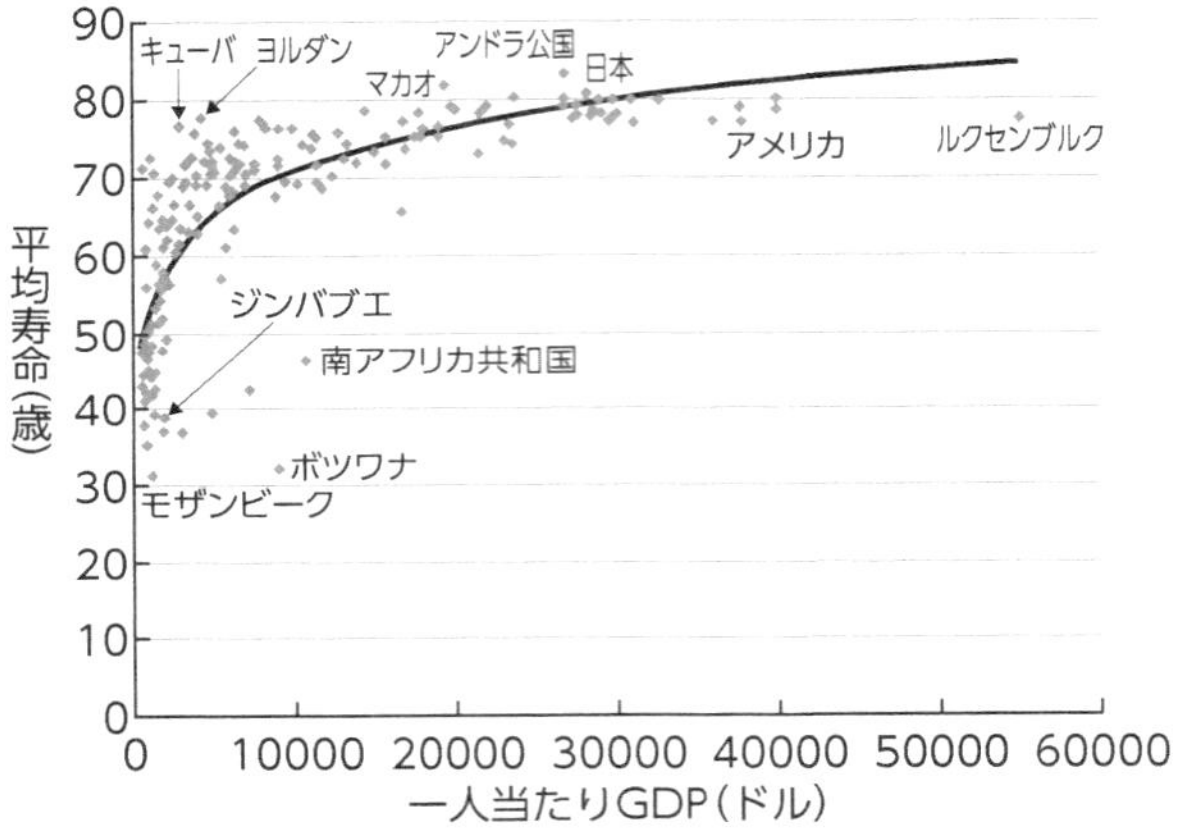

［図10・1］　一人当たりGDPと平均寿命（CIA Factbookより）

譲二　まったくだ。不運としか言いようがない。大ざっぱにいうと、平均寿命を決めてるのは、国が豊かかどうかだ。昔の日本は貧しかったから、寿命ももっと短かったんだよ。

もあ　お金があれば助かる、ってこと？

譲二　身もふたもないけれど、それははっきりしてる。データを見てみようか。ＣＩＡファクトブックの２００３年のデータで、国別の平均寿命と一人当たりＧＤＰの関係を示したグラフだ。ちょっと古いけど、傾向には変わりない。

もあ　うわ。たしかに、これは見たまんまだね。ジンバブエは39歳。ＷＨＯのデータより、さらに悪いんだね。

譲二　そういう違いはあるけれど、傾向としてはだいたい同じような感じだろ。これを見ると、一人当たりＧＤＰが低いあたりは傾きが急で、だんだんゆるやかになってくる。貧しい国にほんの少し支援するだけで、たくさんの子どもたちが助かって、平均寿命だって延びるはず。途上国支援が必要だってことが、よく分かるな。

もあ　なるほど。曲線が急に立ち上がってるけど、これが意味するものは深いんだね。ところで、この曲線は何なの？

譲二　回帰直線みたいなものだけれど、回帰曲線と呼ぶこともある。ようするに、データを近似したものだ。

もあ　へぇ、曲がってても回帰分析できるんだ。知らなかった。

譲二　この場合は、一人当たりＧＤＰを適当に変換してから、直線回帰を使って元に戻してるんだけどね。

もあ　ん？　何を言ってるのか、よく分かんないけど。

譲二　長くなっちゃいそうだから、詳しくは解説でね。

解説

曲がった関係を分析する

前章では、データを直線で近似する回帰分析について考えました。しかし、データの関係は、

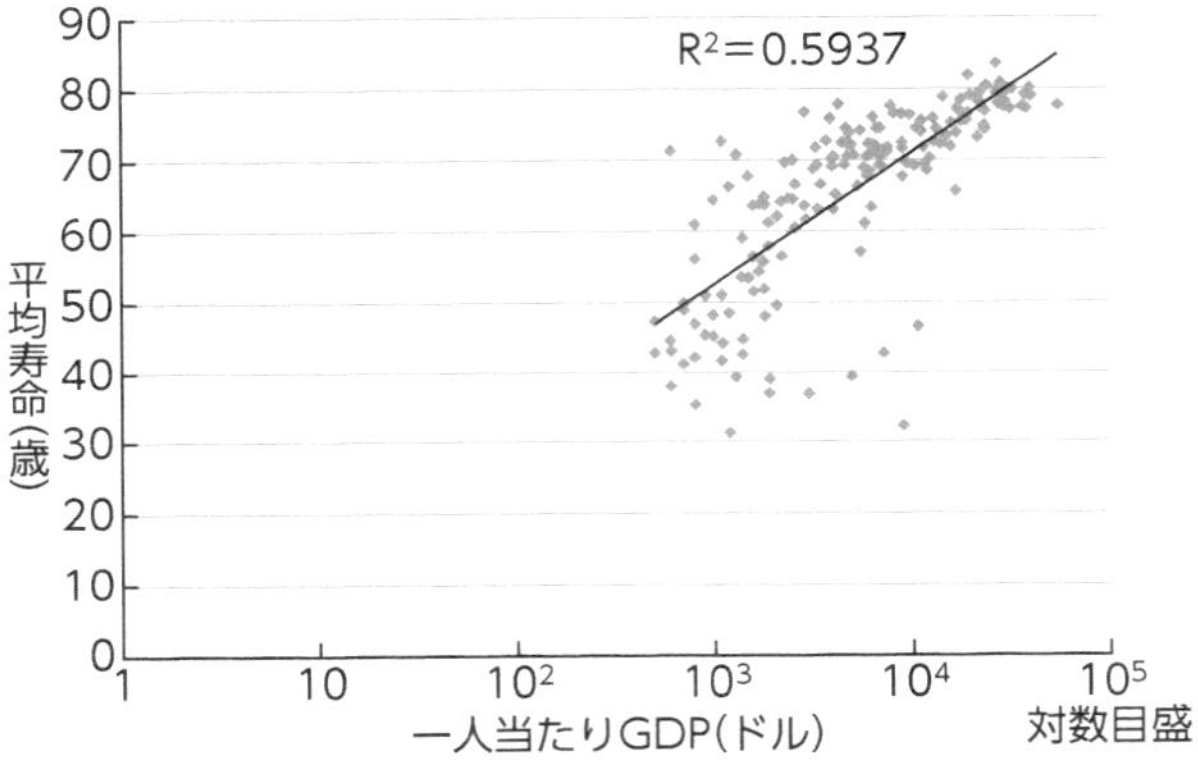

［図10・2］　一人当たりGDPと平均寿命の関係を対数目盛で見た場合

常にまっすぐとは限りません。会話編で出てきた「一人当たりGDPと平均寿命の関係」は、曲がっていますね。

「曲がった関係」を回帰分析するためには、どうすればよいのでしょうか。

グラフで見たとおり、平均寿命の延びは、一人当たりGDPが大きくなるにつれ、ゆるやかになっていきます。しかし、GDPによって寿命が延びるとはいえ、GDPが10倍になれば、平均寿命も10倍延びて500歳や600歳になる、というわけではありませんね。

このような場合、2つのうち、どちらかの変数の測り方を変えてみると有効な場合があります。そのひとつが、一人当たりGDPの「対数」を取るという方法です。

対数について、簡単に説明しましょう。

たとえば１０００は、10^3（10の３乗）と書くことができます。この肩にのっている３という数を「10を底《てい》とする１０００の対数」といいます。１００００は10^4ですから、１００００の10を底とする対数は、４になります。また、対数がいつでも整数になるわけではありません。たとえば、50はおよそ$10^{1.7}$ですから、50の10を底とする対数は、約１・７になります。

さて、一人当たりＧＤＰの対数を取って散布図を描いてみると、どうなるでしょうか。図10・２を見てください。会話編で見たグラフ（図10・１）よりも、まっすぐな線に近づいたのではないでしょうか。このグラフの横軸は、一人当たりＧＤＰの対数を目盛にしたものです。これを対数目盛といいます。

このように、データを適宜、変換してから直線を当てはめることによって、「曲がった関係」でも回帰分析することができるのです。

●直線回帰にハマらない場合

図10・３は、１９９５年春の選抜高校野球出場校の選手５１２人の身長と体重のグラフです。散布図だけを見ていると、直線回帰で十分な気がします。この場合の回帰直線は、図の細い実線で、

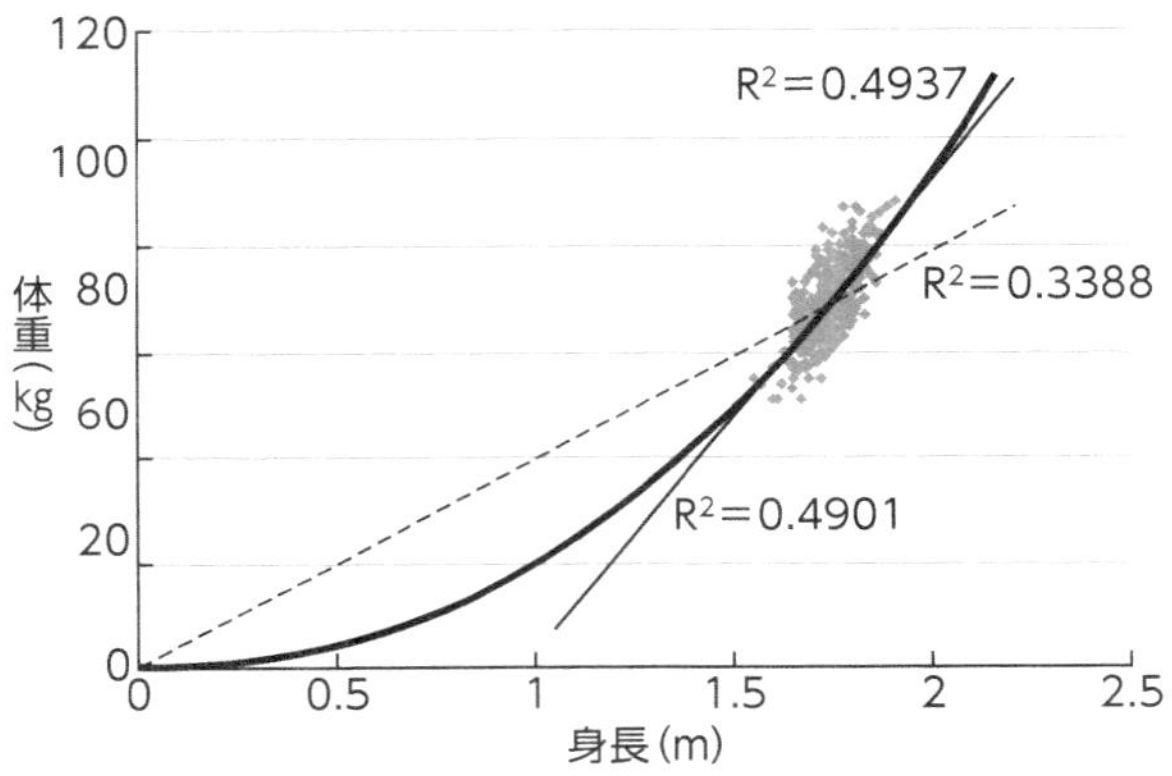

［図10・3］　身長と体重の関係*10

$$体重(kg) = 88.818 \times 身長(m) - 85.865$$

と表されます。R^2値は0・4901で、バラツキは大きいものの、まあ、こんなものかな、という結果に見えるでしょう。

しかし、この式には、ちょっとした問題があります。極端な話、身長が0であれば体重も0になるはずですが、この式では、身長が0メートルだとすると体重はマイナス85・865キログラムということになってしまいます。もちろん実際にこんな人は存在しませんが、これは身長が低いところで予測と大きくズレてしまうことを意味します。

それなら、原点を通る直線で回帰すればよい、と思われるかもしれません。実際にそれをやってみたのが、図の点線です。回帰式は、次のようになります。

体重＝39.5×身長

R^2値は0・3388で、こんどは全体の精度が悪くなってしまいます。

●BMIの起源

この場合、よく使われる考え方は、「体重が身長の何乗かに比例する」というものです。ベルギーの統計学者ケトレーは、「体重は身長の2乗に比例する」と考え、肥満の尺度として、次のような指標を提案しました。

$$BMI = \frac{体重(kg)}{(身長(m))^2}$$

ＢＭＩは、本書でもすでに何度か登場しましたね。ＢＭＩの数値が大きい人は、そのぶんだけ身長に対して体重が重いということを意味します。

図10・3のデータに対して、体重が身長の何乗に比例するかを計算してみると、

$$体重 = 19.695 \times 身長^{2.2487}$$

という式になります。図の太い実線です。R^2値は0・4937。直線回帰のときよりも、少し改善していますが、ぴったりとはいきませんが、たしかに身長の2乗くらいに比例しているようです。

このように、一見すると直線的な関係でも、詳細に見ていくと、じつは曲線を当てはめるほうが適切な場合があるのです。

もっとも、当てはまりを良くするために、曲線の形をどんどん複雑にしていくと、かえって関係が見えにくくなってしまうことがあります。分析するデータがどのような関係なのかを見極めるためには、実際に手を動かして試行錯誤することが大切です。

●がんばらないほうがトクをする?

BMIについて興味深い研究があるので、最後に紹介します。

WHOによれば、BMIは18・5以上25未満が正常ということになっています。しかし、日本では一般的に、BMIの標準値は22とされています。BMI22の人がもっとも病気になりにくい、ということなのだそうです。

男性

	やせ (BMI＜18.5)	普通体重 (18.5≦BMI＜25.0)	過体重 (25.0≦BMI＜30.0)	肥満 (BMI≧30.0)
平均余命（年）	34.54	39.94	41.64	39.41
(95%信頼区間)	(32.69－36.39)	(39.52－40.37)	(40.97－42.31)	(36.62－42.20)
生涯医療費（千円）	11,991	13,132	15,105	15,213
(95%信頼区間)	(10,233－13,749)	(12,777－13,487)	(14,417－15,793)	(12,755－17,671)

女性

	やせ (BMI＜18.5)	普通体重 (18.5≦BMI＜25.0)	過体重 (25.0≦BMI＜30.0)	肥満 (BMI≧30.0)
平均余命（年）	41.79	47.97	48.05	46.02
(95%信頼区間)	(39.35－44.22)	(47.51－48.43)	(47.53－48.58)	(44.21－47.83)
生涯医療費（千円）	14,847	14,804	16,137	18,603
(95%信頼区間)	(13,056－16,639)	(14,337－15,270)	(15,390－16,885)	(16,385－20,822)

［表10・1］　体格と40歳以降の平均余命、平均医療費
（「生活習慣・健診結果が生涯医療費に及ぼす影響」研究代表者・辻一郎東北大学大学院教授）

ということは、ＢＭＩ22の人がいちばん長生きなのでしょうか。表10・1は、ＢＭＩと40歳以降の平均余命と平均医療費を調査した結果です。

表の中に「95％信頼区間」という欄があります。これは、男性の普通体重の人を例にとると、「普通体重の人は、95％の確率で39・52～40・37年の余命を持つ」ということを表しています。

ではまず、40歳以降の平均余命（40歳以降にどのくらい長く生きるかの平均）を見てみましょう。男女とも、過体重（ＢＭＩ25以上30未満）の人の平均余命がもっとも長くなっています。また、瘦せている人（ＢＭＩ18・5未満）の余命が、他と比較してかなり短いということも分かります。

これは意外ですね。瘦せている人は、肥満の人

（ＢＭＩ30以上）と比較しても、余命が５年近く短いようです。また、少なくとも平均余命の観点からいうと、過体重の人がＢＭＩが22周辺になるようにムリにがんばる必要はあまりなさそうです。

次に、生涯医療費を見てみましょう。たしかにＢＭＩ22の人は医療費が少ないので、病気にかかりにくそうだということが分かります。一方、肥満の人は寿命こそ短くはありませんが、医療費がかさむことが分かりますね。逆に、痩せている男性の生涯医療費が低いのは、余命の短いぶんが反映していたのです。

●意外なことが寿命を延ばす

当然ながら、平均余命を決めているのはＢＭＩだけではありません。ちょっと怖い例ですが、「40歳の時点で独身かどうか」ということも、平均余命に大きな影響を与えます。

国立社会保障・人口問題研究所の人口統計資料集（２００５年の資料ですが、元になるデータは１９９５年のもの）によれば、40歳時点で未婚の独身男性の平均余命は30・４２年。配偶者がいる場合の39・０６年と比べて、８・６４年短くなっています。同じく40歳時点で未婚の女性の場合の平均余命は37・１８年で、配偶者がいる場合の45・２８年に対して、８・１０年も短命なのです。

日本人の平均寿命の延びは、独身者の増加によってブレーキがかかり、いずれは短くなっていくのかもしれません。

「結婚は人生の墓場」などといいますが、じつは意外と身体によいのですね。内閣府あたりが「結婚は健康にいい！」などとキャンペーンを張って、少子化対策に使うという手もあり……かもしれません。

第10章のまとめ

(a) 変数の関係が直線的でなくても、適当に変数を変換することで回帰分析できます。これを曲線回帰といいます。
(b) 一方（あるいは両方）の変数の対数を取ると、直線に近くなることがあります。
(c) 変換には、二次関数のような関数が適していることもあります。
(d) あまり複雑な変換をすると、かえって関係が見づらくなります。

第11章 男と女の分かれ道

もあ　あのさ。
譲二　何?
もあ　男と女って、違うよね。
譲二　そりゃ、違うだろ……って何が?　どきっとしたぞ。やめなよー、親にそういう話をするのは。
もあ　あ、ごめん。すまんけど色気のない話。いや、私、塾講師のアルバイト始めて2年目なんだけど、中学生のテストの結果を見ててね、どうしても女子のほうが国語力が高い気がするわけ。
譲二　へえ。
もあ　国語は、いつテストしてもたいていの場合、平均点で女子の勝ち。数学は男子が勝つことが多いけど、差はそんなに大きくないね。理科も数学と同じだけど、社会はよく分かんないな。英語は国語ほどじゃないけど、だいたいは女子の勝ち。

譲二　俺も数学と理科は好きだったな。国語はどっちかというと嫌いだった。解答があるのかないのか分からない問題もあるだろ。主人公の気持ちなんて、確認しようがないじゃないか。

もあ　あれは、そういうふうに読むんじゃないよ。

譲二　それは分かってるんだけどね。数学と理科がいいよな、やっぱり。

もあ　お父さんの調査はともかくとして、男女差がホントにあるのかどうかを知りたいな、と思ってるわけよ。

譲二　お、きたな！　待ってたよ。

もあ　きたっす。点数だけのデータを持ってきたんだ。先々月にやった、佐々木ゼミナールの中学生公開模試。うちの子たちも受けてさ。

譲二　おお。比較には生データが必要だから、これはいい資料だ。

もあ　うちからの受験者数は、男子１３２人、女子１１１人の合計２４３人。で、国語の結果は、

男子の平均点　52・７８（標準偏差13・８４）

女子の平均点　63・５９（標準偏差11・８５）

これだけ見ると、はっきり女子の勝ちなんだけど、男子のほうが標準偏差が大きいよね。どう比較すればいいのか、分かんないの。

譲二　平均と標準偏差が出してあるのか。なるほど、たしかに差がありそうだな。じゃ、まずは、「男女それぞれの国語の点数が正規分布かどうか」を確認してみよう。これには、コルモゴロフ・スミルノフ（KS）検定を使う。

もあ　は？　ビーフ・ストロガノフ定食？

譲二　全然違うんだから、変なツッコミをしないように。……さては、全然知らない検定が出てきて、おじけづいてるな。

もあ　えへへ。

譲二　いっておくけど、これから説明する話はすごく難しいぞ！

もあ　オーマイガッ！

譲二　わははは。でもじつは、この手の検定手法をいちいち細かく理解する必要はない。いろんな手法があるんだなぁ、ってことを感じられればいいよ。

もあ　へ？　お父さんにしては、やけに優しいじゃない。

譲二　まあね。統計にはいろんな手法があるけど、「こういう場合は、この検定を使うといいんだな」ってことを、まず大ざっぱにつかんだほうがうまくいくから。難しい手法をウンウン唸り

ながら理解しようとしたって、一度つまずいたら先に進めなくなるしね。

もあ　へえ、ざっくりでいいんだ。統計って緻密に積み重ねるイメージだったけど、そうじゃない場合もあるんだね。

譲二　そういうこと。で、話は戻って検定の結果だけど、男子のＫＳ値は０・０４８６で、Ｐ値は０・９１４３。女子のＫＳ値は０・０６３５、Ｐ値は０・７６２。どちらも、ＫＳ値はかなり小さい。ＫＳ値が小さいほど正規分布に近いってことだから、どっちかというと、女子のほうが正規分布からのズレが大きいかな。でも、Ｐ値がすごく大きいから、男女とも「正規分布とみなしてＯＫ」だ。

もあ　正規分布してないと、検定できないの？

譲二　いや、正規分布してないときは、別の検定が必要になるってだけ。正規性がないときは、ウィルコクソンの順位和検定を使えばいい。

もあ　うぃるこくそんって何だ？　あ、深く考えなくてもいいんだっけ。

譲二　そう、検定の流れだけ追ってもらえれば。で、さっき正規性が確認できたから、次に「男女の分布の分散が等しいと思っていいかどうか」、つまり等分散性を調べよう。

もあ　また？　どうして等分散性を調べなきゃいけないの？

譲二　データを見ると、女子の標準偏差よりも、男子の標準偏差のほうが大きいだろ。つまり、男子のほうがバラツキが大きいけど、「それが偶然とみなせるかどうか」を判定する必要があるんだ。

もあ　あ、そっか。そういえば私も、男女の標準偏差の違いが気になってたんだった。

譲二　でしょ。そこで、等分散性のF検定をするわけ。

もあ　しかし、次々と伏兵が出てくるなぁ。なんか、ロールプレイングゲームみたい（笑）。

譲二　実際はソフトウェアがやってくれるから、そんなに面倒じゃないよ。

　結果は、F値が1・2683で、P値が0・1986。P値は有意水準5％よりも大きいから、等分散性の仮定は棄却できない。つまり、「等分散であることを仮定して、話を進めていい」ってことになる。

もあ　ってことは……「標準偏差の違いを気にしなくてもいい」ってこと？　それは助かるね。

譲二　うん。だけど、もし等分散じゃなかったとしても、それ用の検定を使えばいい。この場合は、等分散でもそうでなくてもt検定だけど、t値の計算の仕方が違うんだ。

もあ　うーん、なるほど。っていっても、大ざっぱに理解しただけだけどね（笑）。

譲二　統計は、いろいろ複雑だよな。残念ながら、これだけ覚えればオールマイティっていう手法はないからね。

もあ　状況に応じて、適切に使い分けなきゃいけないってこと？

譲二　そうそう。「こういう統計にはこういう検定を選ぶ」っていう考え方を知ることで、なるべく真実を見いだせるようにしていくわけ。で、後はt検定するだけだよ。

もあ　やっとゴールだね。結果は？

譲二　えーと、t値がマイナス6・6166で、P値が2・358×10^{-10}。P値はものすごく小さい。だから、「平均が同じ」という仮説は棄却される。

もあ　つまり、「男女差はたしかにある」ってこと？

譲二　正解！

もあ　やったー！　当たった！

譲二　そういや、国際調査でもさ、国語の学力差って大きいらしいね。男女間で1学年以上の学力差があるとか。平均的に見たら、言語系の能力は女子にかなわないよ。

もあ　でしょでしょ。実感として、たしかに違うよね～。

譲二　このテストだけじゃ、何ともいえないけど。女性が言語に優れているのだとすると、それがなぜなのか知りたくなるね。

もあ　このおっさんもしつこいのう（笑）。

解説

川の流れのように

会話編で出し抜けにいろいろな統計手法が出てきたので、面食らった読者も多いかもしれませんね。しかし、検定の流れをざっくり分かってもらうことが目的なので、詳細を理解しようとしなくても大丈夫です。

統計的検定は、じつはさまざまな仮定の上に成り立っています。会話編では、ある国語のテストにおける中学生男女の平均点の差が争点になっています。この差が「たんなる偶然なのか、そうでないのか」を検定しようというわけです。そのためには、検定で使われる仮定をひとつひと

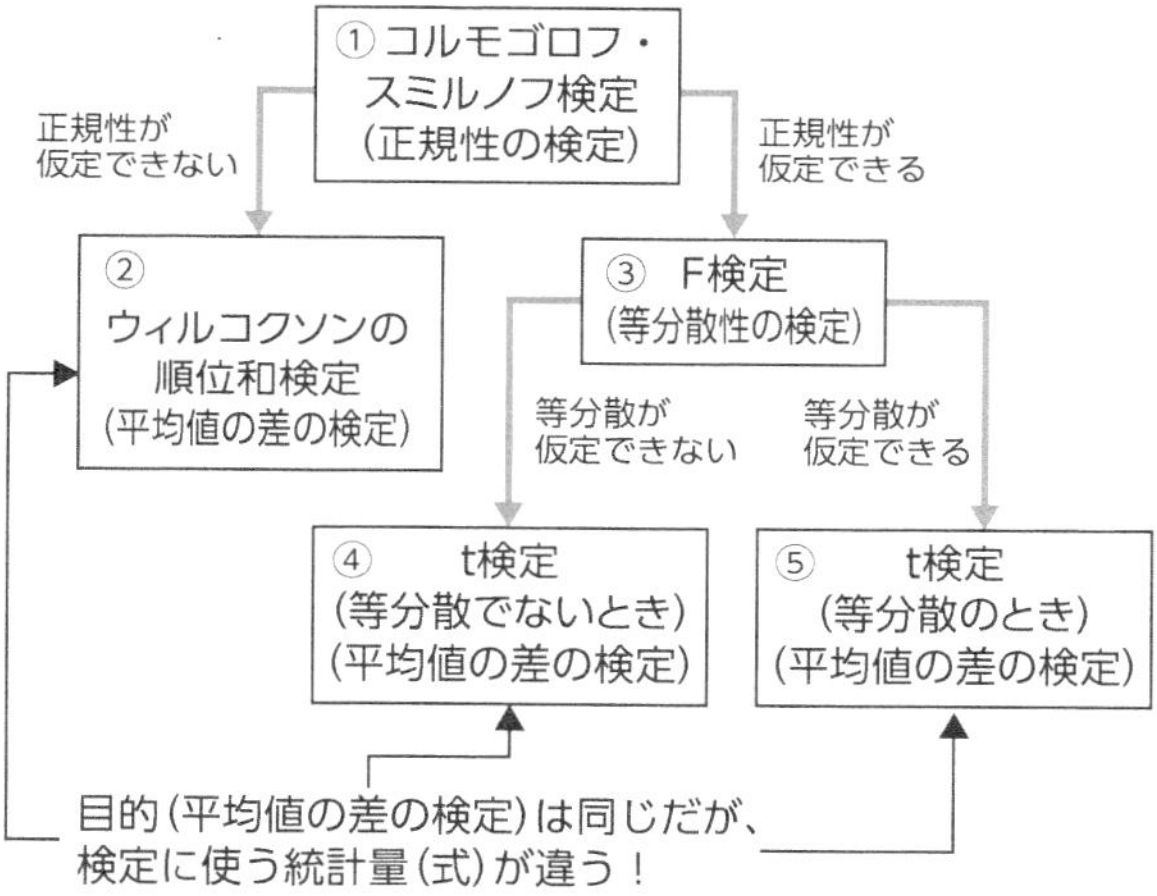

［図11・1］　平均値の差の検定の流れ
ここでは、古典的なテキストにしたがった流れを説明していますが、多重検定の悪影響を避けるため、最近では④のみを行うようになってきています。

つ確認しながら進んでいく必要があります。

個々の検定の話をする前に、譲二の頭の中にある判断の流れを見ておきましょう（図11・1）。ざっくりいってしまうと、検定ではもっとも精度のよい検定方法を選ぶ必要があり、図で示したような判断は、そのために行うものです。

最終的には、「男女で平均値の差が本当にあるのかどうか」を判断したいわけですが（平均値の差の検定）、条件によって検定の方法が変わるのです。

検定あれこれ

最初に判断しなければならないのは、「正規性」です。「男子と女子、それぞれの国語の点数の分布が正規分布とみなせるか（正確には、正規分布している集団からサンプリングしたとみなせるか）」を検定します。なぜかというと、最後に登場するｔ検定と呼ばれる検定法が「正規分布に基づくもの」だからです。

正規性のチェックについては、①コルモゴロフ・スミルノフ（ＫＳ）検定が広く用いられているようです。検定の計算方法はややこしいのですが、今はソフトウェアがやってくれるので、とくに知らなくても大丈夫です。

検定の結果、正規分布でない場合は、平均値が分布の特徴を反映していません。つまり、平均値を中心に左右対称でなかったりします。こういうときは、②ウィルコクソンの順位和検定という検定法を使います。

順位和検定という名のとおり、この方法では数値そのものを使うのではなく、データの順序に基づいて検定を行います。この検定のよいところは、「よい」「普通」「悪い」など、量的には把握できないデータ（質的データ）に対しても有効だということです。

なお、サンプルサイズが小さい（27以下）ときは、マン・ホイットニーのＵ検定と呼ばれる方法が使われます。基本原理は、ウィルコクソンの順位和検定と同じです。

一方、ＫＳ検定で正規性が確認できれば、ｔ検定が使えます。しかしその前に、等分散性を調べておく必要があります。分散が一致している場合（⑤）と一致していない場合（④）で、検定に使う統計量が異なるからです。

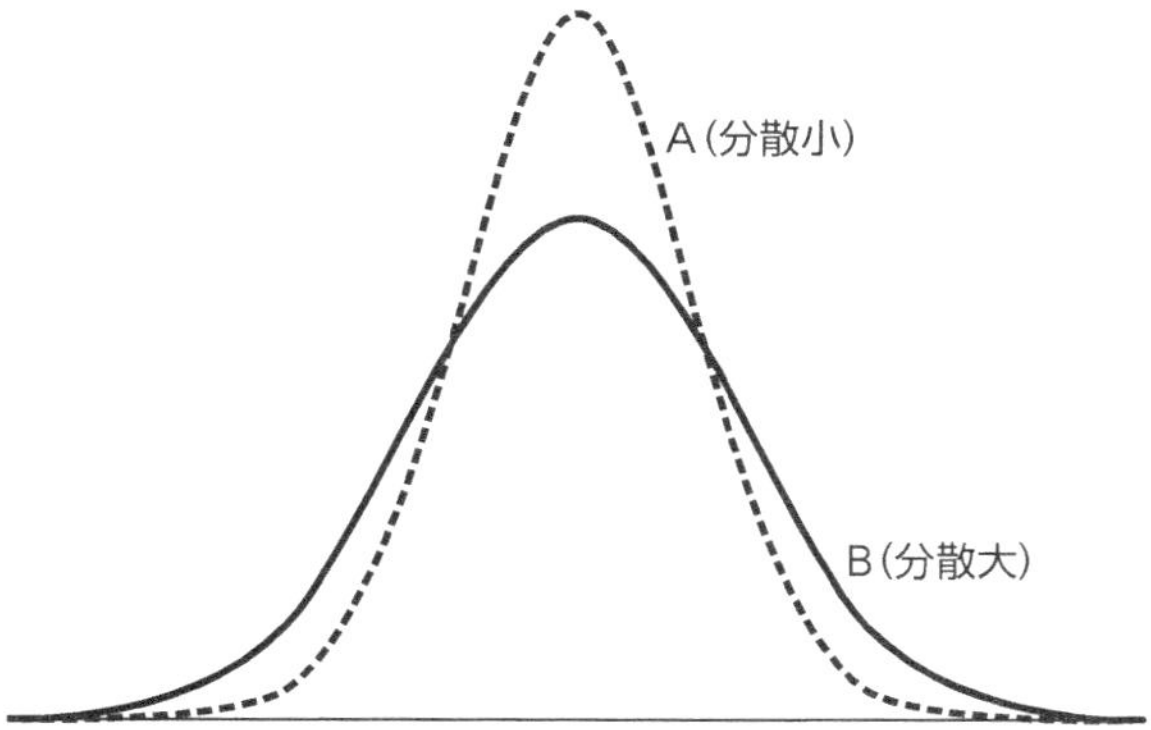

［図11・2］　平均値が同じで分散の違う正規分布

もう少し詳しくいうと、正規分布は、平均値と分散（標準偏差）という2つの量で決まります。図11・2は、平均が同じで分散の違う正規分布です。このような場合、分布Aからサンプリングしたときと、分布Bからサンプリングしたときとでは、サンプリングされたデータのバラツキが違って出てきます。それを加味して比較する必要があるため、等分散性の検定をするのです。検定に用いる統計量（式）は、分散が異なる場合のほうがより複雑になります。

このような等分散性の検定のために用いられるのが、③F検定です。F検定のFは、考案者のフィッシャー（Ronald Fisher）に由来しています。

●ビールを美味しくするt検定

t検定で使われるt分布は、ざっくりいうと、

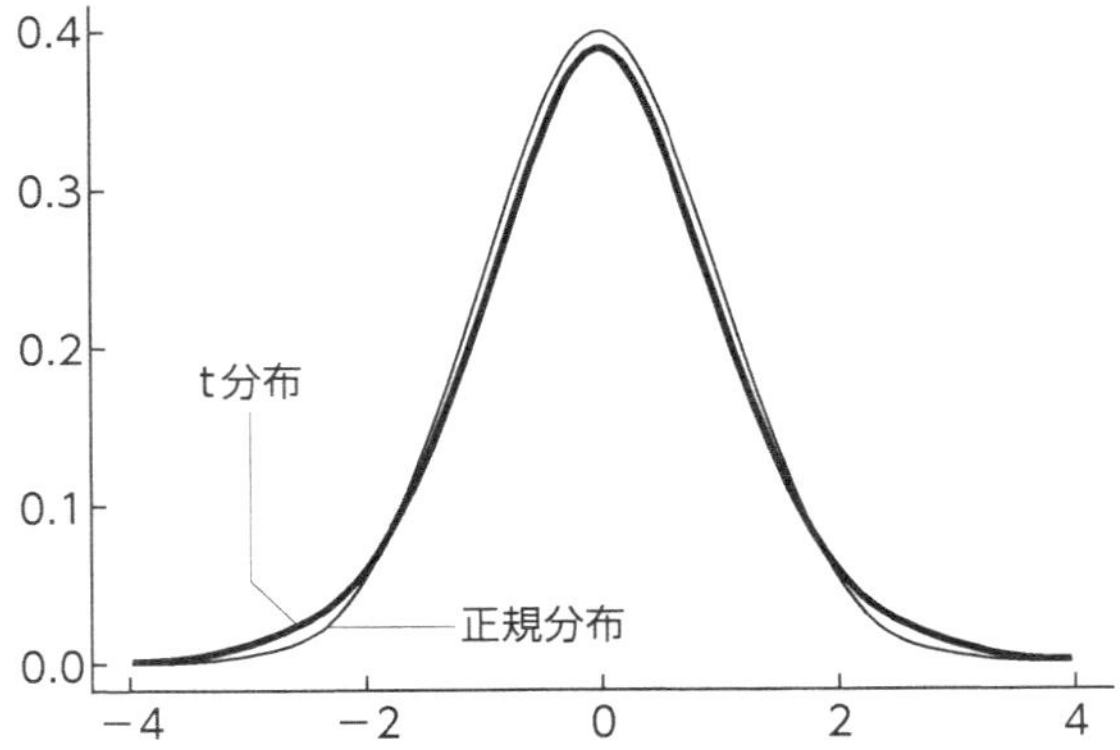

［図11・3］　t分布と正規分布

元の分布の分散が分からない場合に使います。真の分散が分からないので、標本分散（データから計算した分散）を使いましょう、というわけです。

ここで、自由度10（t分布の自由度とは、「サンプルサイズ」マイナス1のことです）のt分布と標準正規分布を並べてみましょう（図11・3）。太い線がt分布で、細い線が正規分布です。並べてみるとたしかに近いのですが、微妙に違いますね。サンプルサイズが大きい（自由度が大きい）ときは、正規分布と非常に近いのですが、小さいときはズレが無視できなくなります。

tの分布のtが何に由来するのかは、謎です。t分布を考案したゴセットは、論文を発表する際、ペンネームとして「Student」を使っており、その頭文字Sの次のtだ、だから小文字のtなんだ、という説を学生時代に聞かされましたが、俗説の可能性が濃厚です。

ゴセットは、ギネスビールに勤めている間に、ビールに必要な大麦の品質を見極めるため、小標本の検定を行う方法としてt検定を開発したとのことです。本来は、ビールの検定だったのですね。ビールが美味しいのは、いくぶんかはt検定のおかげなのかもしれません。

まずは使ってナンボ

本章では、一気にたくさんの検定技術や分布が出てきて辟易《へきえき》されたかもしれません。しかし、これらは、いわばアクセルやブレーキ、ハンドルなどといった道具の名前のようなものです。恐れるには足りません。まずは使ってみれば、どんなものなのかすぐに実感できるでしょう。

現在は、優秀な統計ソフトウェアが整備されているので、自分でt値やF値などを手計算する必要もありません。便利な時代ですね。

なお、本章では、塾の生徒が偏りなくサンプリングされていると仮定しています。もし、塾の生徒の偏りが大きければ（たとえば、とくに成績の良い女子だけが集まっているなど）、ここでの推論は正しいとはいえなくなります。実際の社会調査などでは、この点をかなり厳密に詰めながら議論します。今回の会話編の例はあくまで作り話ですので、実際に適用する場合には注意してください。

第11章のまとめ

（a）検定を行うときは、データに合わせて、もっとも適切な方法を選ぶ必要があります。

（b）正規分布を仮定した検定法に対しては、あらかじめ、サンプルの分布が正規性を満たすかどうかをコルモゴロフ・スミルノフ検定で確認しておく必要があります。

（c）正規分布からサンプリングされた2つのサンプルの平均値が同じとみなせるかどうかは、t検定を使います。

（d）t検定の前に等分散性（分散が等しいかどうか）のF検定を行う必要があります。

（e）正規性が仮定できない場合は、ウィルコクソンの順位和検定などを用いて検定します。

第3部

統計の深遠なる世界

第1部、第2部では、統計学の基礎的な話が中心でした。

第3部は応用編です。主に、「身の回りの現象には、どんな法則がひそんでいるのか」という問題を探っていきます。一般にはまだあまり知られていない統計的法則を先取りして、楽しんでみる。それが目的です。

本書では、現在進行形で研究が進んでいるテーマ、他の本でほとんど見かけないような話題も、あえて取り上げてみました。統計学のベースは数学ですが、社会や経済の問題をクリアに考えたいときには、ヒントになる話が多いと思います。

第12章 物語で人は動く

もあ、雑誌『事件ジャーナル』を険しい顔で読んでいる。

もあ　最近、物騒だねぇ。殺人事件が2件に飲酒運転事故、身代金誘拐事件が続いてるし、アメリカでは銃乱射事件。世界がおかしくなってるとしか思えないよ。

真音　そうよね、最近急に増えたわね。殺人事件の犯人の一人は、会社で上司にひどく叱られたからだっていうし、誘拐は借金の返済に困ったからだって。飲酒運転はやけ酒かしら。銃の乱射は何だっけ？

もあ　試験の結果が良くなかった留学生が、教授を射殺しようと思ったら留守で、腹いせに近くにいた学生を……。

真音　みんな競争で疲れてるのね、きっと。

台所をのぞいていた譲二、2人の話に加わる。

譲二　何の話?

真音　最近の競争社会が、いろんな事件の引き金になってるって話よ。

譲二　引き金? それより、ちょっとビール買ってくるよ。冷蔵庫にないみたいだから。

もあ　飲酒運転しないでね!

譲二　買いに行って、家で飲むんだよ。

真音　だめよ、お酒ばっかり飲んじゃ。

譲二　なんだ、結局怒られるのか。最近事件が連続するのは、競争社会のせいなのかな?

真音　そうでしょ。このご時世で、ストレスが溜まってるのよ。

譲二　俺もビールが買えなくて、ストレスが溜まってるんだけど。

誰でも、上司に叱られたり、成績が芳しくなかったり、やけ酒を飲

んだりするでしょ。皆それぞれ、ストレスを抱えてるんじゃないかな。

もあ　でも、お父さんみたいにささいなストレスばっかりじゃないでしょ。みんな、競争で疲れてるの。ビールが買えないいんじゃなくて。

真音　評論家もそう言ってるわよ、テル新井とか。資本主義社会の矛盾が噴出してるって。

譲二　テル新井？

真音　有名な評論家よ。あなたは知らないかもしれないけど。

譲二　知らない。それに、名前からして信用できないなぁ。とにかく、そもそもまったく無関係にデタラメに起きることっていうのは、連続して起きやすいんだからさ。

真音　もしかして、また統計の話ね……。

譲二　当たり。無料で講義が聞けるんだから、お得でしょ？

真音　ホントに教えたがりな人よね。でも、「まったく無関係にデタラメに起きる」とか、突然言われても分からないんだけど。

譲二　そういうのをポアソン分布っていうんだけど、説明が難しいんだよねぇ。事件とか事故、たとえば交通事故の回数を1ヵ月とかね、期間を決めて記録するでしょ。すると、正規分布とはちょっと違う形の分布になる。図12・1を見てよ。これがポアソン分布。

次に、事故の回数じゃなくて、「ひとつの事故が起きてから、次の事故が起きるまでの時間」

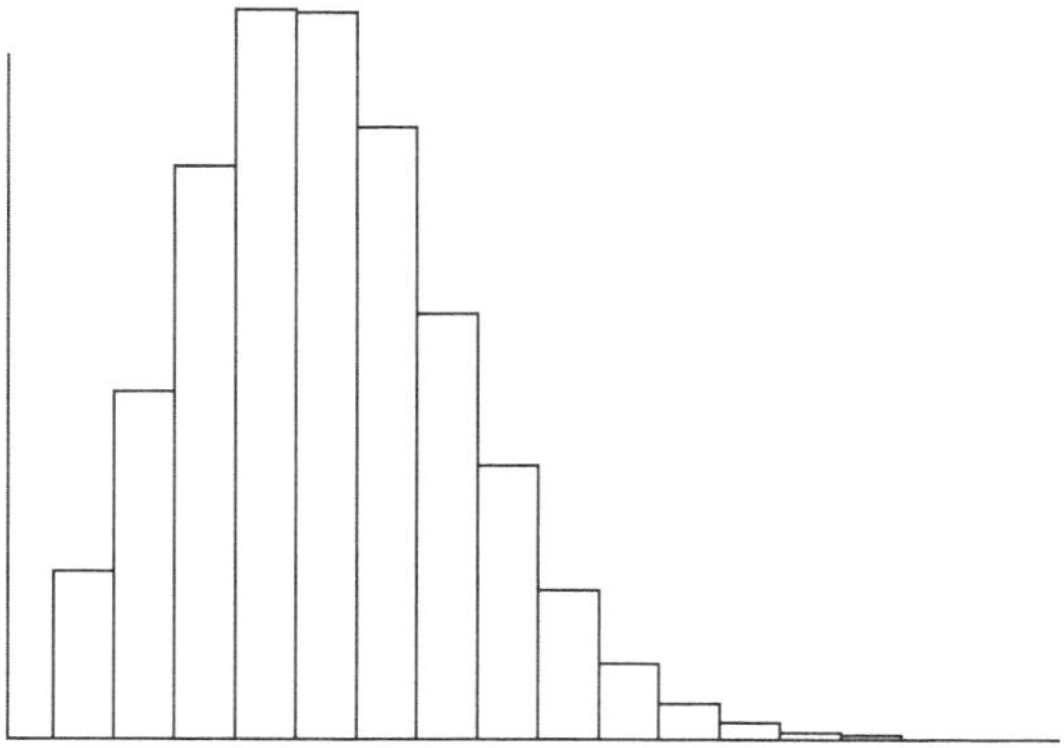

［図12・1］　ポアソン分布のヒストグラムの例

を測ってみる。たとえば、ある航空機事故が起きてから、その次の航空機事故が起きるまでの時間の分布を見る。するとこっちは、指数分布っていう分布になる（図12・2）。これには山がない――というか、時間0のあたりがいちばん大きくて、時間が長くなれば長くなるほど0に近づくんだ。

もあ　うーん、分かんないなぁ。お父さんは、いったい何が言いたいの？

譲二　「あまり時間が経たないうちに、次の事故が起きる確率のほうが高い」ってことだよ。

もあ　ってことは？

譲二　つまりね、互いに何の関係もない事故は、連続して起きやすいんだ。

真音　そうなの。知らなかった。じゃ、事件には関係がないの？

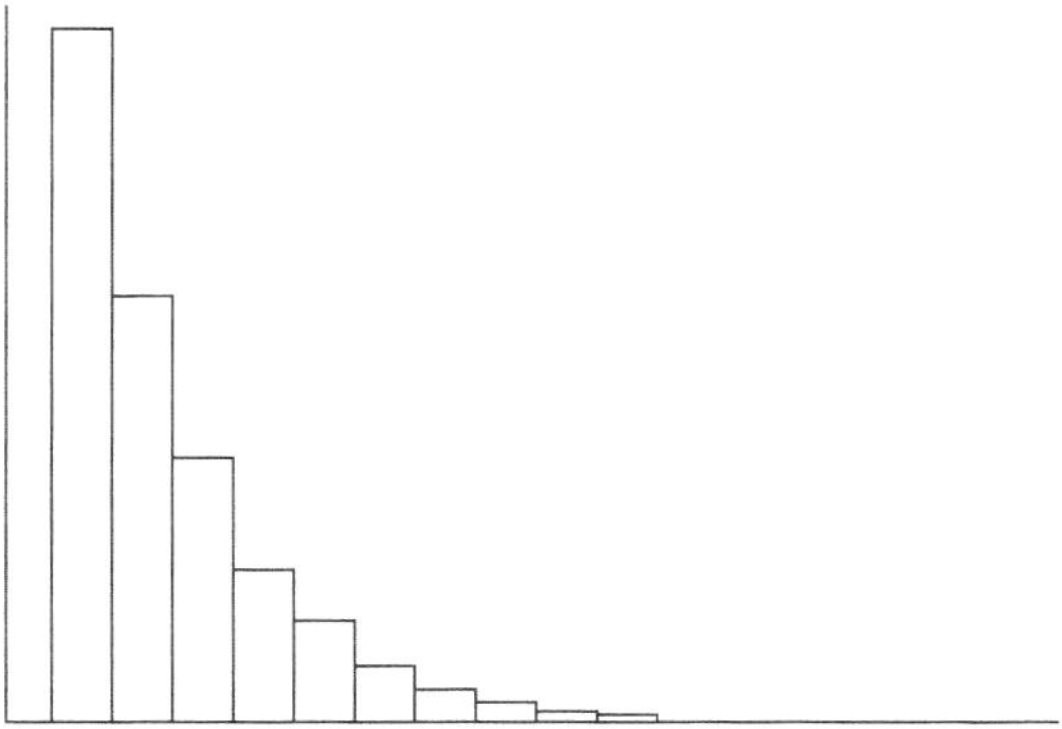

［図12・2］　指数分布のヒストグラムの例

譲二　関係があるかどうかは分からない。でも、「関係が全然なくても、事件は連続する」ってことは分かる。逆にいえば、事件が続いているからって、それが関係あるとはいえない。

もあ　でも、テル新井が言ってるようなことはないの？　資本主義社会の矛盾が噴出したのかもよ？

譲二　社会の矛盾は、いつの時代も噴出しているからね。かつての社会主義にしたって、実際は食べ物が手に入らなかったりして大変だったっていうでしょう。世の中なんて、矛盾だらけだよ。

もあ　常識なんてウソだらけってことか。そういう意味では、「テル新井」ってうまい名前なのかもしれないね。

真音　"Tell a lie"、つまりウソつきってこと（苦笑）。ま、たしかに世の中、理屈どおりに行かないことは多いわね。

譲二　そう。人間は何でも物語にしないと落ち着かないから、連続した現象をひとつの物語につなげやすい。でも、真相はそうじゃないかもしれない。そういうことを、僕は言いたかったわけ。人間は意味を求める。人生にだって、意味がないと耐えられない。僕は、ビールがないと耐えられない。

真音　分かった分かった。どうしてもビールが飲みたいんでしょ？　私が買ってきてあげるわよ。

譲二　ホント？　さすが我が妻。嬉しいなぁ。

もあ　あたしのぶんもよろしく！

真音　はいはい。じゃ、行ってきまーす。

解説

ポアソン分布

突然ですが、患者がある病院へやってくる場合を想像してみましょう。その病院は、予約制ではありません。とすると、来院患者の数はどのように推移するでしょうか。

たとえば、朝一番やお昼休みの後などは、とくに患者さんが多いかもしれませんね。しかし、そういう特殊な時間を除けば、患者たちはてんでバラバラにやってくると予想されます。患者がどんどんやって来て、忙しくて仕方ない時間帯があったかと思えば、誰も来ないので暇を持て余す、というように。10分ごとに1人ずつのペースで患者が定期的に訪れる、というような状況はほとんどないでしょう。

これは、患者が病院に来るタイミングが、患者各々の個人的な都合や気分で決まっているからです。ある患者が病院に到着するタイミングは、他の患者が病院に到着するタイミングとは関係ありません。もちろん、待ち合わせをしている場合は別ですが。

このような「互いに無関係に起きる現象」を、統計（や確率論）の言葉で、患者の到着時間は「独立」だ、というふうにいいます。

「独立な（互いに無関係に起きる）事件や事故などが、決まった期間に何回起きたか」を記録すると、ポアソン分布というものが現れます。この名称は、フランスの名門校エコール・ポリテクニークの教授だった人の名前から来ています。

会話編の図12・1のような分布をポアソン分布といいます。ポアソン分布の特徴は、ひとつ山があることですが、正規分布のように左右対称ではありません。左へ片寄った形になります。

厳密にはポアソン分布を表す公式があって、それを使うことでポアソン分布の理論値が求められます。しかし難しい数式なので、知らなくても大丈夫です。ここでは、ポアソン分布の特徴が分かり、公式によって理論値が導かれることだけを知っておけば差し支えありません。

●馬に蹴られて亡くなった兵士の数

ポアソン分布が使われたのは、歴史的には、プロイセン陸軍の騎兵連隊において、馬に蹴られて死亡した兵士の数に当てはめたのが最初です。

ロシアの経済学者・ボルトキービッチによれば、1875年から1894年までの20年間で馬に蹴られて死亡した兵士の数は、14の連隊（G連隊からXV連隊）に対して、それぞれ表12・1のようになったそうです。

この表において、それぞれの欄の1〜4という数字は死亡者数、「―」は死亡者なし（0人）を意味しています。各死亡者数がそれぞれ何回ずつ現れたかを数えてみると、表12・2のようになりました[*11]。

20年間の総死者数は196人。1連隊あたりの年間平均死者数は、総死者数を20年×14連隊＝280で割ると求まるので、観測された平均死者数は0・70人ということが分かります。じつは、ポアソン分布は平均だけで決まるので、この数字を基に理論値が計算できます。

図12・3は、平均0・70のポアソン分布に当てはめた理論値と実際の値（観測値）を並べた

	75	76	77	78	79	80	81	82	83	84	85	86	87	88	89	90	91	92	93	94
G	—	2	2	1	—	—	1	1	—	3	—	2	1	—	—	1	—	1	—	1
I	—	—	—	2	—	3	—	2	—	—	—	1	1	1	—	2	—	3	1	—
II	—	—	—	2	—	2	—	—	1	1	—	—	2	1	1	—	—	2	—	—
III	—	—	—	1	1	1	2	—	2	—	—	—	1	—	1	2	1	—	—	—
IV	—	1	—	1	1	1	1	—	—	—	—	1	—	—	—	—	1	1	—	—
V	—	—	—	—	2	1	—	—	1	—	—	1	—	1	1	1	1	1	1	—
VI	—	—	1	—	2	—	—	1	2	—	1	1	3	1	1	1	—	3	—	—
VII	1	—	1	—	—	—	1	—	1	1	—	—	2	—	—	2	1	—	2	—
VIII	1	—	—	—	1	—	—	1	—	—	—	—	1	—	—	—	1	1	—	1
IX	—	—	—	—	—	2	1	1	1	—	2	1	1	—	1	2	—	1	—	—
X	—	—	1	1	—	1	—	2	—	2	—	—	—	—	2	1	3	—	1	1
XI	—	—	—	—	2	4	—	1	3	—	1	1	1	1	2	1	3	1	3	1
XIV	1	1	2	1	1	3	—	4	—	1	—	3	2	1	—	2	1	1	—	—
XV	—	1	—	—	—	—	—	1	—	1	1	—	—	—	2	2	—	—	—	—

［表12・1］　プロイセン陸軍の騎兵連隊において、馬に蹴られて死亡した兵士の数の記録

死亡数	0	1	2	3	4	5
観測値	144	91	32	11	2	0

［表12・2］　年間死亡者数別で見た場合

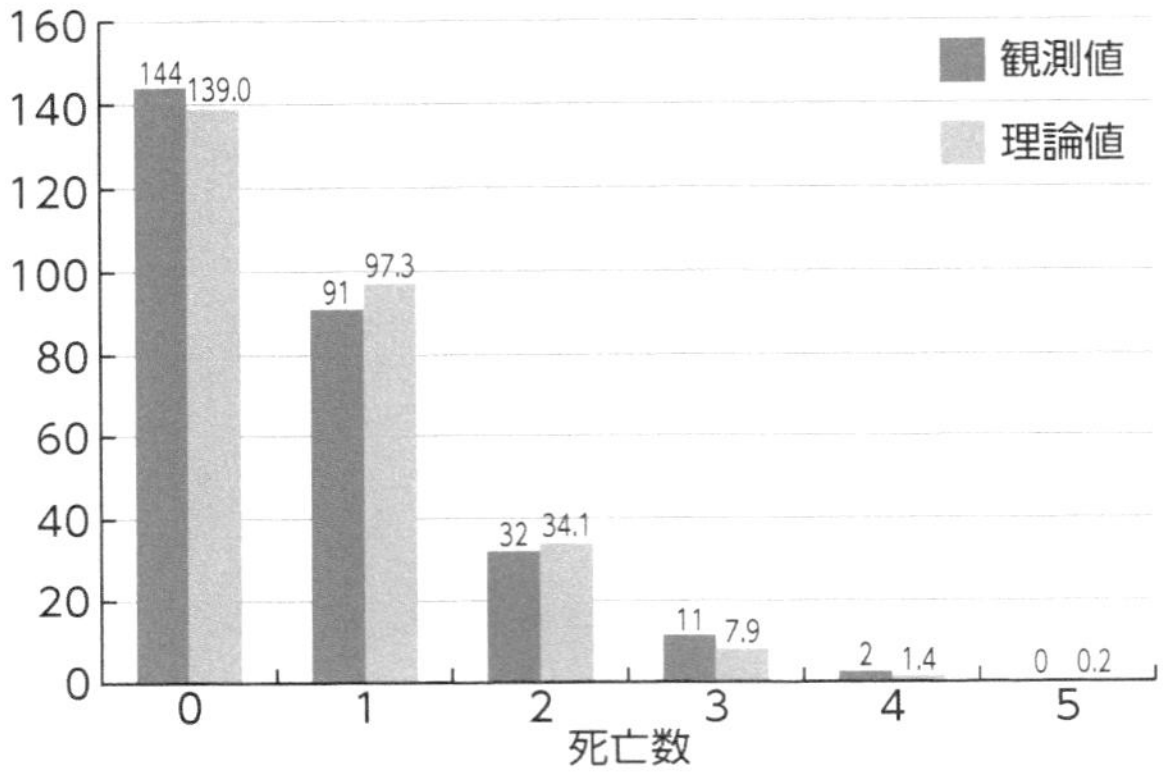

［図12・3］ 観測値と理論値を比べてみると……

ものです。理論値と観測値が、恐ろしいほど一致していると思いませんか？ これは、「馬に蹴られて亡くなる」という事故が、独立であることからくる性質です。

ところで、この「馬に蹴られた兵士の例」では、死亡者数0のところに山が来てしまうので、ポアソン分布らしさが見えにくくなってしまいます。そこで、平均が3のポアソン分布の理論値を描いてみます。

すると図12・4のように、平均（この例では3）のあたりがいちばん高いような分布になります。なお、ここでは連続的な曲線で分布を表現していますが、実際は横軸は回数ですから、対応する曲線上の黒丸だけが意味を持ちます。

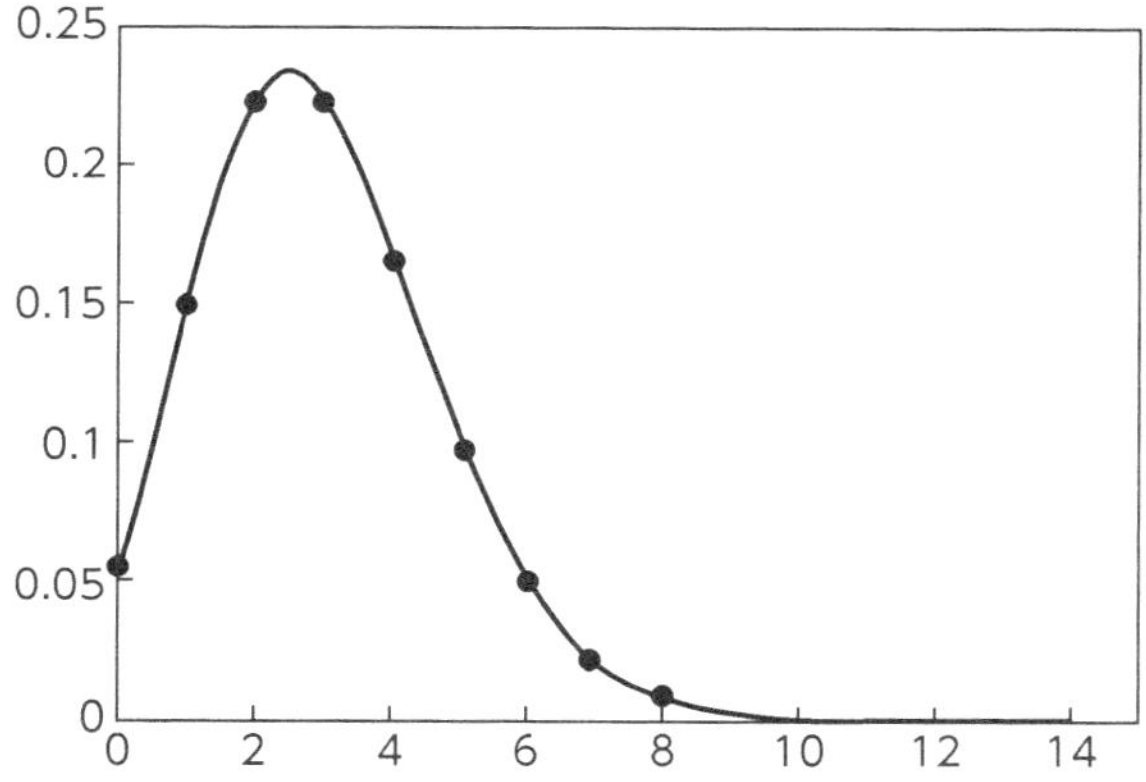

［図12・4］　平均3のポアソン分布の理論値

●事件は続く

次に、ポアソン分布する現象がどのくらいの間隔で起きているかを考えてみます。

さきほどの騎兵連隊の例でいえば、「兵士が馬に蹴られて死亡する事故が起きてから、再び同様の事故が起きるまでの期間」を考えることになります。これは、会話編にも出てきたように、指数分布という分布になります。

指数分布において、事件（事故）と事件（事故）の間隔は、狭ければ狭いほど確率が高くなっています。つまり、馬に蹴られて兵士が亡くなる事故が起きてから、次に同様の事故が起きるまでの間隔は、短ければ短いほど高確率になります。つまり、次の事故は、事故の直後に起きる可能性がもっとも高いのです。

この他にも、一定期間の交通事故、航空機事故、地震の回数、高速道路の料金所への車の到着台数など、一見何の関係もないようなさまざまな現象の回数の分布は、すべて同じ種類の分布、すなわちポアソン分布となり、その間隔分布は指数分布になります。

したがって、事件・事故は続いて起きる傾向があるのです。

会話編の中で譲二が言っていたように、このことは「続いて起きたことが無関係だ」ということを保証するわけではありません。ポアソン分布の理論が示唆するのは、「関係がなくても連続する傾向がある」ということだけです。言い換えれば、「連続した現象同士が本当に関係しているかどうかを知るためには、別の情報が必要だ」ということを示唆しているのです。

そして、これも重要なことですが、ポアソン分布から外れている場合は、現象の独立性が疑わしいということになります。

●サポートセンターを効率化

「ポアソン分布を理解して、いったい何が分かるのか?」と、モヤモヤした気分になったかもしれません。そのような読者のためのちょっとしたお役立ち情報を紹介しましょう。

日本では、効率化といえば人員削減を意味することが多いように思います。これまで10人でやっていた仕事を5人でやるようにするのが効率化だと。たしかに人数削減で効率化のように見え

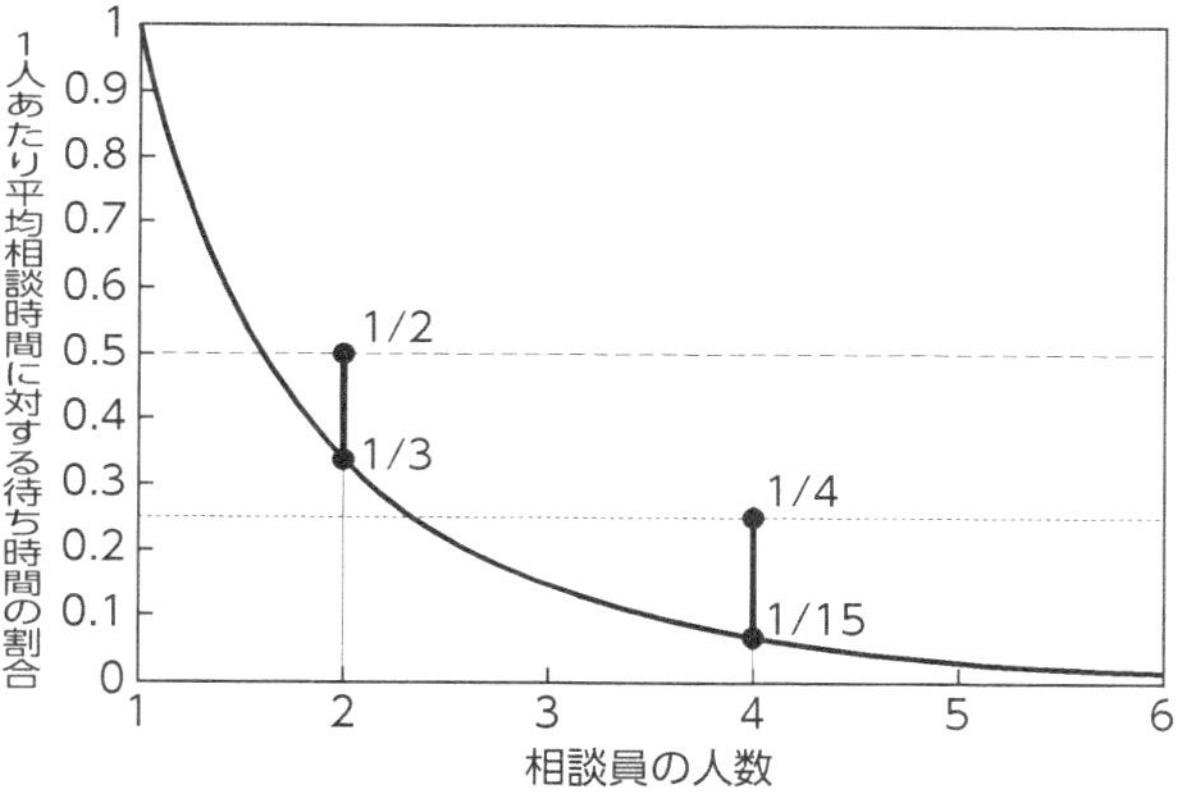

［図12・5］　仕事をする人数と仕事が終わるまでの平均時間

ますが、本当にそうでしょうか。

この問題を考えるために、ポアソン分布が役立ちます。

仕事にもいろいろありますが、ここでは、こまごました仕事が次々と降ってくるような状況を考えましょう。数学的にいえば、仕事は相互に無関係にランダムに降ってくると仮定します。

たとえば、顧客からサポートセンターに電話で相談が入る、というような状況は、これにかなり近いと考えられます。1時間当たりに何回相談が入るかを記録すると、本章で見たようなポアソン分布になります。これを仕事が「ポアソン到着する」と表現します。

サポートセンターでは、何人の相談員がいるかによって、仕事の忙しさが変わります。直感的には、1人でやっている仕事を2人でやれば、仕事を終えるまでにかかる時間は半分に、4人でやればそのまた半分になる……ような気がします。サポートセンターの場合、作業効率とは、「電話してきた客の待ち時間を短くすることと同じ」だと考えられます。そこで、相談員の数と電話の待ち時間について、ポアソン分布を応用して計算してみましょう。

図12・5は、ポアソン到着する仕事が終わるまでの時間と、相談員の人数の関係をグラフにしたものです。横軸が「サポートセンターの相談員の人数」、縦軸は「客の待ち時間が、相談員1人あたり平均相談時間の何倍になるか」を表しています。相談員が1人のときは1ですが、2人になると、2分の1よりもっと待ち時間が減って、3分の1になることが分かります。

●待ち行列理論

気になる人のために、なぜこのような結果になるのか、計算方法を解説しましょう。

まず、計算には次の2つのデータが必要です。

(a)相談が1時間に平均何件くるか
(b)相談員が1時間に処理できる平均件数

さて「可能な平均処理件数に対して、相談が平均何件くるかを示したもの」を利用率といいます。利用率はこの場合、(a)÷(b)で求めることができます。

たとえば、1時間に平均3件の相談が入るサポートセンターで、相談員が1時間に処理できる件数は平均6件という場合。このときの利用率は、3÷6で、0・5ということになります。なお、ここでは「(a)相談件数は、(b)処理可能件数よりも少ない」と仮定します。ようするに、待っていれば必ずいつかは相談できる順番が回ってくるということですね。

逆に、(a)が(b)より大きい場合、相談員が1人しかいなければ、処理の限界以上に相談が入って来ていることを意味します。こうなってしまうと、平均の相談時間は計算できません。

さて、このような考え方から、相談員数が1人もしくは2人の場合の平均待ち時間は次の公式で計算することができます。

$$\text{平均待ち時間} = \frac{\text{利用率}^{\text{相談員数}}}{1 - \text{利用率}^{\text{相談員数}}} \times \text{平均相談時間}$$

これは、オペレーションズリサーチの分野で有名な「待ち行列理論」のもっとも基本的な公式のひとつです。話を簡単にするために、利用率がつねに0・5であるとしてみましょう（この数字には特別な意味はありません）。計算してみると、相談員を2人にしたとき、待ち時間は3分の1になります。なお、これらの待ち時間は利用率によって変わります。では、利用率が0・5でない場合は、どのような値になるのでしょうか。

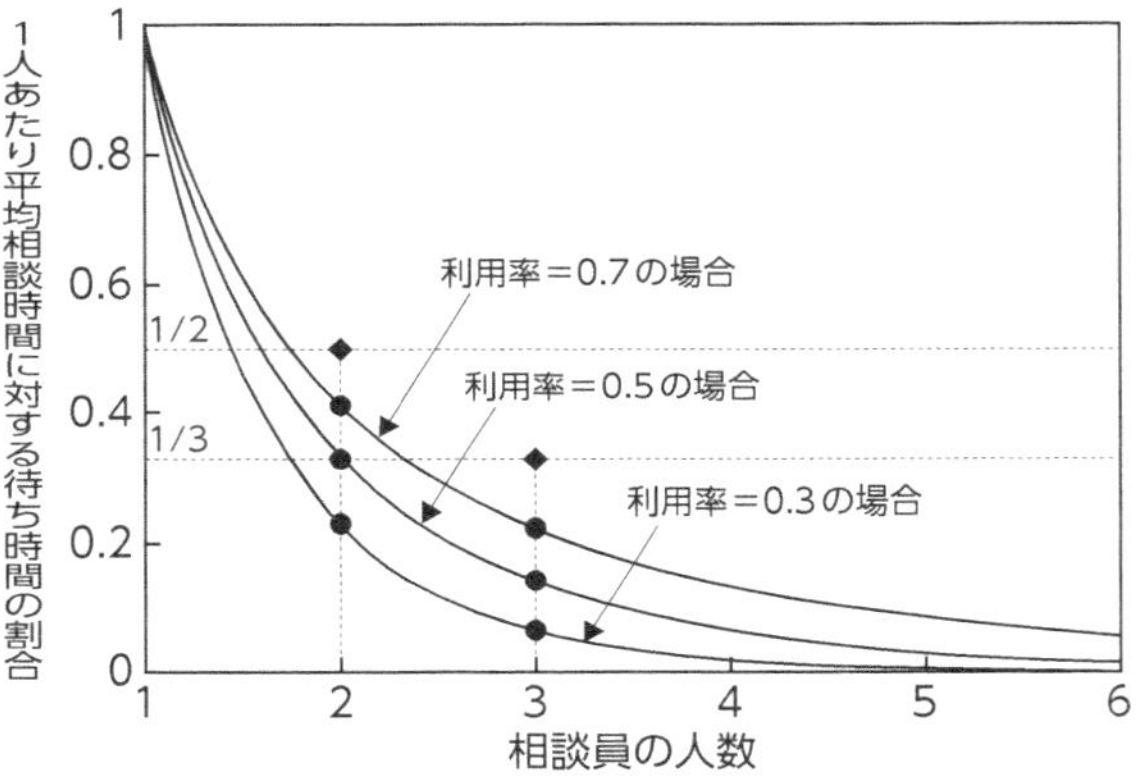

［図12・6］　待ち時間

上手にお客さんをさばく術

参考までに、利用率が０・３、０・５（これは先ほどと同じ）、０・７のときの待ち時間が、相談員の数とともにどう変わっていくかを図12・6に示しました。利用率が変化しても、人数分の１よりも待ち時間が短くなっていくことが分かりますね。

経営上の観点から見れば、お客さんの待ち時間を減らすことは、一種の効率化とも考えられます。そう考えれば、これらの結果から、「人数を増やすと、その人数倍以上に効率が上がる」ということもできるでしょう。

ちなみに、ここで紹介した例は少々非現実的な仮定を含んでいます。「相談が長引いて夕方5時を過ぎたら、後の相談は次の日に回される」みたいなシチュエーションや、「あんまり待たされるので、相談したい人が泣く泣くあきらめた」とか、「実際の窓口だと、どのくらい人が並んでいるかで利用率が変わるんじゃないか」とか、そういうことまでは考えていません。あくまで理想的な状況を仮定しての話でした。

とはいえ、待ち行列理論は実際にさまざまな分野で利用されています。例を挙げると、電話交換機やウェブサイトのサーバの負荷の見積もり、空港、駅、病院の窓口の設計などです。処理能力に応じて、「電話交換機やサーバを何台くらい用意すればよいか」、「窓口をいくつにすればよいか」などを設計段階で見積もるために、ポアソン分布や待ち行列の理論が大活躍しているのです。

また、待ち行列理論は比較的シンプルで応用範囲も広いため、情報処理技術者試験（応用情報処理技術者試験、ネットワークスペシャリスト試験など）でも出題されています。

第12章のまとめ

(a) 互いに無関係な（独立な）事件、事故などが一定期間に何回起きたかを記録するとポアソン分布が現れます。

(b) ポアソン分布する事件、事故などが、一度起きてから再び同様の事件、事故が起きるまでの期間は指数分布になります。

(c) 指数分布は時間0のところがいちばん高い右下がりの分布なので、互いに無関係な事件、事故は連続して起きやすい。

(d) 事件が連続して起きているからといって、それらに関係があるとはいえません。

第13章　庶民の世界

日曜日。台所で玉ねぎを炒めていたら、もあが階下へ降りてきた。嫌な予感がする。

もあ　ねえ、質問があるんだけど。
譲二　何だ、数学か？
もあ　今日は違うよ。あのさ、お父さんのお給料って、今いくらなの？
譲二　また嫌なことを聞くねぇ。
もあ　ここ何年も、全然上がってないらしいじゃない。
譲二　毎年1％ずつ予算が減らされてるから、定期昇給分が消えちゃうんだよ。
もあ　うーん。じゃあ、来年のお年玉も期待できないなぁ。
譲二　まあ、そう言うなよ。いいじゃないか、今は物価が下がってるんだからさ。買えるものはおんなじだよ。マンションなんて、半額になったりしてるでしょ。

もあ　マンションなんか買わないよぉ。でもさ、稼ぐ人は稼ぐよね。大リーグのイチローとか。

譲二　彼は、違う世界の人なんだよ。

もあ　同じ日本人でしょ？　イチローだってコツコツ努力してるはず。小さな積み重ねが大事なんじゃないかな。それで何億円も稼げるようになるんだから。

譲二　いや、ホントに違う世界なんだよ。僕らは小さなことを積み重ねても、イチローみたいに稼げるようにはならないんだ。

もあ　「そのネガティブな思考回路が、稼げない元凶だ！」って、ビジネス書に書いてあったよ。あ、でも大学に勤めてるんじゃ、無理か。

そもそもいちばんもらえたとしても、俸給表の上限額までだもんね。

譲二　そうそう。庶民は、対数正規分布の世界に生きてるんだ。

もあ　対数正規分布？　何、それ？

譲二　いってみれば、掛け算で効いてくるのが対数正規分布ってこと。ほら、このカレーだって、ガラムマサラとかターメリックとか、いろんなスパイスを入れていくことで、どんどん美味しくなるだろ。それと似たようなものだよ。

もあ　うーん。分かったような、分かんないような。

譲二　一口じゃ説明できんな。カレーができたから、食べながら話そうや。

もあ　美味しそうだね。でも、長い話になりそうだなぁ。

解説

日本人の所得分布

日本人の所得は、どんな分布になっていると思いますか？

給与明細を見ると、「○○手当」という項目がある人は多いでしょう。給料は、本給の他いくつもの手当の合計ですから、分布は正規分布になりそうな気がしますが……。じつは、そうでは

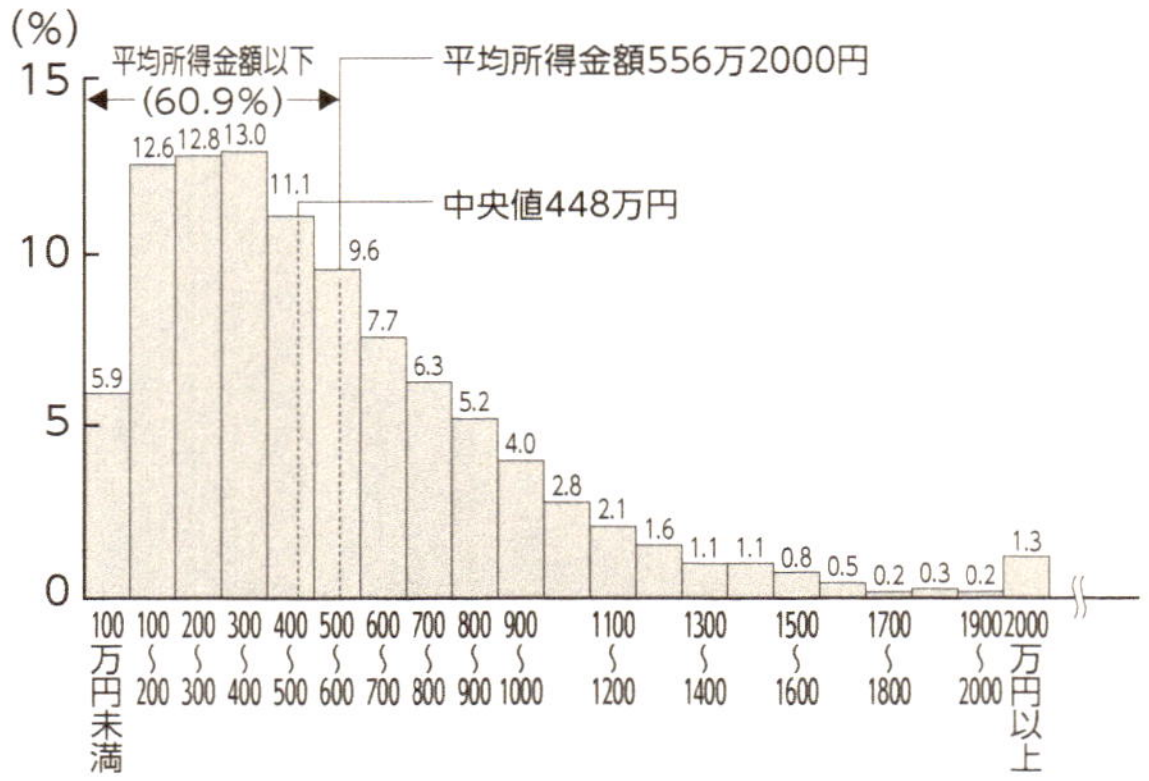

［図13・1］　2008年度世帯所得分布

ありません。所得分布の中には、正規分布と異なる2つの分布が隠されているのです。

　2008年度（平成20年度）の世帯所得の分布（図13・1）を見てみましょう。所得は、収入とは違うので注意が必要です。収入から経費を引いたものが所得です。サラリーマンの場合は、給与所得控除が経費に相当します。

　図13・1を見ると、所得の分布は全体的に左へ偏っています。正規分布というには、ちょっと歪みすぎですね。このデータによると、所得の平均値は556万2000円ですが、その下に、中央値が448万円だと書かれています。

　中央値と平均値には、なぜこれほど違いが出るのか。それは、第1章で見たように、高額所得者の所得の合計が非常に大きいということのほかに、もともと分布が歪んでいる（左右対称でな

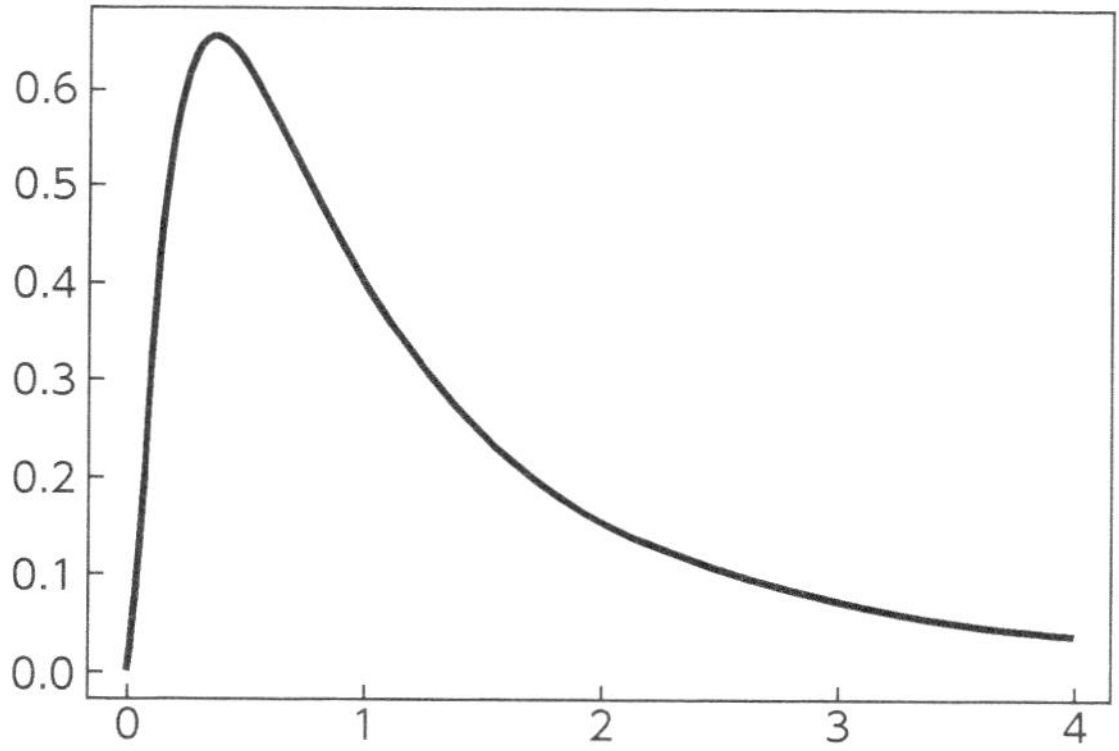

［図13・2］　対数正規分布

い）という理由にもよります。

●対数正規分布

会話編にも出てきましたが、庶民の世界を支配しているのは「対数正規分布」と呼ばれる分布です。正規分布と名前は似ていますが、もちろん別の分布で、形も違います（図13・2）。正規分布は「足し算」することによって出てきますが、対数正規分布は「掛け算」で出てくる分布なのです。

第10章で対数について簡単に触れましたが、じつは「掛け算」は、対数を取ると「足し算」に変化します。たとえば、100×1000＝100000という式を、$10^2 \times 10^3 = 10^5$という形に書き換えてみると、肩に乗っている数字が、2＋3＝5になっていることが分かります。これは、「掛

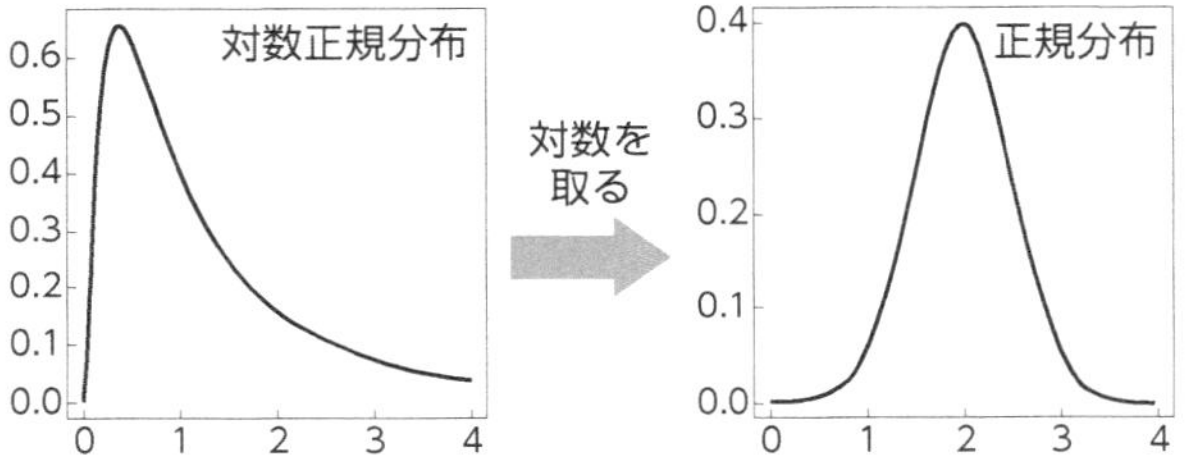

［図13・3］ Xが対数正規分布をするとき、その対数は正規分布する

け算は、対数を取ったときに足し算になる」ことを意味します。

つまり、「掛け算で出てくる分布」は、対数を取ることで「足し算で出てくる分布」になるのです。足し算で出てくるのは正規分布でしたから、つまり、「Xが対数正規分布するとき、Xの対数を取ったものが正規分布する」ということを意味します。これが、対数正規分布という名前の由来です。

逆にいえば、Xが対数正規分布しているかどうかを確認するためには、Xの対数を取ったものが正規分布することを確かめればよい、ということになります。

対数正規分布の世界では、極端に高額の所得を得ることはほとんど不可能です。サラリーマンなら、特殊な業界でない限り、役員でもないのに2

000万円を超える所得を得ることは難しいのではないでしょうか。

2000万円以上の所得があった場合、サラリーマンでも確定申告が必要になります。それは税務署が、2000万円以上所得があるのはサラリーマンとしては稀だ、と考えていることを意味しています（世帯所得ですから、夫婦とも高所得のサラリーマンである場合も考えられますが）。

コツコツ稼ぐ人たち

「庶民の世界が対数正規分布に従う」という現象は、どのようなメカニズムで発生しているのでしょうか。

最初にいってしまうと、実際に所得がどう決まるかというメカニズムは、完全に解明されてはいません。しかし、その分布が対数正規分布になるということは、背後になんらかの「掛け算」がひそんでいることを意味します。ここでは、「掛け算」で所得が決まるプロセスを、数学的なモデルで考えてみることにしましょう。

庶民の世界の人たちは、会社に勤めて給与をもらったり（役員は除きます）、比較的小さな自営業をして生計を立てています。

もっとも代表的なケースとして、サラリーマンを考えてみます。サラリーマンの給与を左右する要因として、どんなことが挙げられるでしょうか。

たとえば、「学歴」はどうでしょう。大学卒業か高校卒業か、また、どのようなレベルの大学を出たかといった要因が、給与に反映していると考えられます。反映の仕方はさまざまですが、給与の高い企業に入社できるかどうかなどは、学歴と関係があるでしょう。ここでは思い切り単純化して、仮に「大卒になると、高卒の1・3倍の所得が得られる」ということにします。

また、「入社した後、自分に合った仕事が割り振られるかどうか」といった要因も、仕事の成果を左右すると考えられます。そこで、「自分に合った仕事が割り振られた場合、所得が1・2倍になる」としてみます。

自分に合った仕事であっても、入社した会社の調子が悪いと、給与はなかなか上がりません。下手をすると下がる可能性もあります。業績が良い会社に入社できることによって、所得も1・1倍に増えることとします。その他に、配属先の上司に左右される部分も大きいと考えられます。上司に恵まれることで、所得も1・2倍。

「大卒で、自分に合った仕事ができて、高成長している会社へ入社でき、上司に恵まれた幸運な人」と、「大卒ではなく、業績の良くない会社へ入社し、自分に合った仕事をさせてもらえず、上司に恵まれなかった不運な人」がいるとします。あえて単純に考えた場合、幸運な人の給与は、不運な人の、

1・3×1・2×1・1×1・2＝2・0592倍

になります。

ひとつひとつの差はそれほど大きくなくても、掛け算されると大きな差となって現れます。庶民の世界が、掛け算によって出てくる対数正規分布に従う理由は、庶民の所得が「小さなことの掛け合わせ」で決まっているからという考え方です。

このようなメカニズムを、乗数過程といいます。乗数過程が背後にあるとき、その確率分布は対数正規分布になるのです。

以上が、所得分布に関する一般的な見解です。

第13章のまとめ

(a) 所得の分布は、ある金額まではおよそ対数正規分布します。

(b) 独立な変数を掛け算すると対数正規分布が現れます。

(c) 確率変数Xが対数正規分布するとき、Xの対数は正規分布します。

第14章 お金持ちの世界

インド風カレーライスを食べながら語る父と娘。

もあ　でもさ、夢がないよね。ホントに違う世界なの？　お父さんも大金持ちになれる可能性はないの？

譲二　なんだよ、お前もしつこいね。俺に似たのかなぁ。所得の分布っていうのは、ある程度の金額で「べき分布」になっちゃうんだ。そうだな、今なら2000万円くらいかな。そのあたりでホント、べきっと折れちゃう感じ。で、べき分布だと、すごく極端な金額になっちゃうわけ。

もあ　へえ。庶民とお金持ちの世界って、間に切れ目があるんだ。

譲二　そうそう。その切れ目がどのくらいはっきりしてるかについては、ちょっと議論があるけどね。統計的に、違う世界が展開しているのは確か。これに対して、庶民の世界は対数正規分布

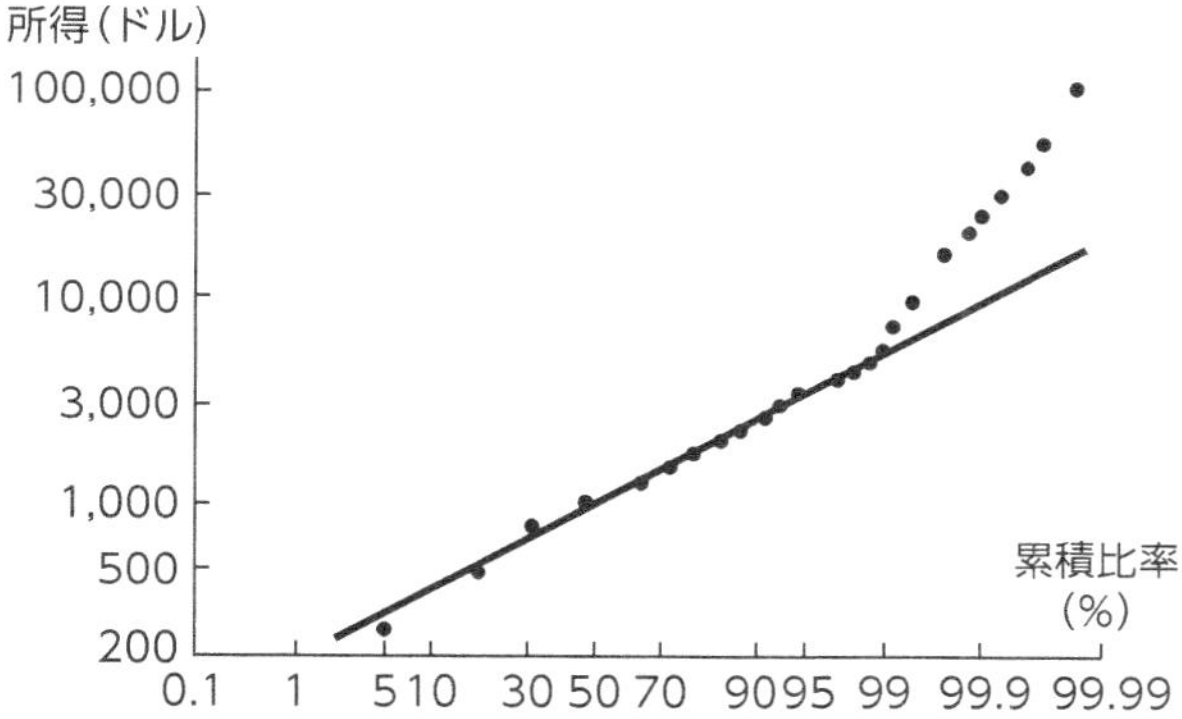

［図14・1］　米国の所得分布（1935～36年）。横軸は累積比率を表しており、たとえば累積比率90％に対応する所得は3000ドルになるが、これは所得3000ドル以下の人が全体の90％を占めることを意味する。上位1％のところから分布が変化しているのがわかる。（J. Stat. Phys.32(1983).pp.209-230）

っていう分布になってる。

もあ　前の章で言ってたね。正規分布の話は、お父さんから何度も聞かされて耳タコだけど。

譲二　お前が分からないから、何度も説明したんだろ。しょうがない奴だな。正規分布は足し算で出てくるんだけど、対数正規分布の場合は、掛け算で出てくる。

もあ　掛け算で効いてくるってやつね。毎日の習慣、みたいな。

譲二　まぁ、そういってもいいかな。これに対して、お金持ち、というか高額所得者の世界は積み重ねじゃない。その時々の運が所得を大きく左右する、べき分布の世界なんだ。

もあ　なんだか寂しいな。庶民は、小さなことから一歩一歩積み重ねるしかないのね。

譲二　でも、その代わり確実ではある。小金を貯めたら、俺もひと山当ててみせるよ。
もあ　得意の統計で？
カレーの匂いに誘われて、二階から降りて来た真音。
真音　あ〜、美味しそうな匂い。また何か、2人で密談してるわね。お金儲けの話なら、私もまぜてよ！

解説

べき分布

前章に引き続き、日本人の所得分布を取り上げます。この章では、2000万円を超す上位約1・3％の高額所得世帯の世界をのぞいてみましょう。
高額所得者の世界を支配する分布は、「べき分布（パレート分布）」と呼ばれる種類の分布になっています。2000万円という切れ目は、前章でも紹介したように税法的都合によるものですが、目安として悪くない金額のようです。

対数正規分布では、所得が高額になればなるほど、そのような人たちの割合は急激に減っていくはずです。しかし、実際には分布の裾野（「テイル」といいます）がダラダラと続き、なかなか0になりません。じつはここから先は、べき分布の世界なのです。べき分布とは、所得がx以上になる世帯の割合が、

$$\frac{1}{x^{\text{パレート指数}}}$$

に比例するものです。

2^3、3^5のように、同じ数をいくつか掛け合わせることを「べき乗」（または累乗）といいます。所得の何乗かに反比例する形になっているため、「べき分布」という名前がつきました。この場合、所得の何乗なのかを表す指数の部分を、とくにパレート指数といいます。

この「パレート指数」がテイルの太さを決めています。パレート指数が大きいとテイルは細くなり、逆に小さくなるとテイルは太くなります。

対数正規分布の世界では、極端なことが起きる可能性はほとんどありません。逆に、べき分布の世界では、極端なことが起こりやすくなります。パレート指数は、この極端なことの起こりやすさを示しています。パレート指数が大きければ極端なことが起こりにくくなり、小さければ小

パレート指数が
小さいと
テイル(しっぽ)が
太い

パレート指数が
大きいと
テイルが細い

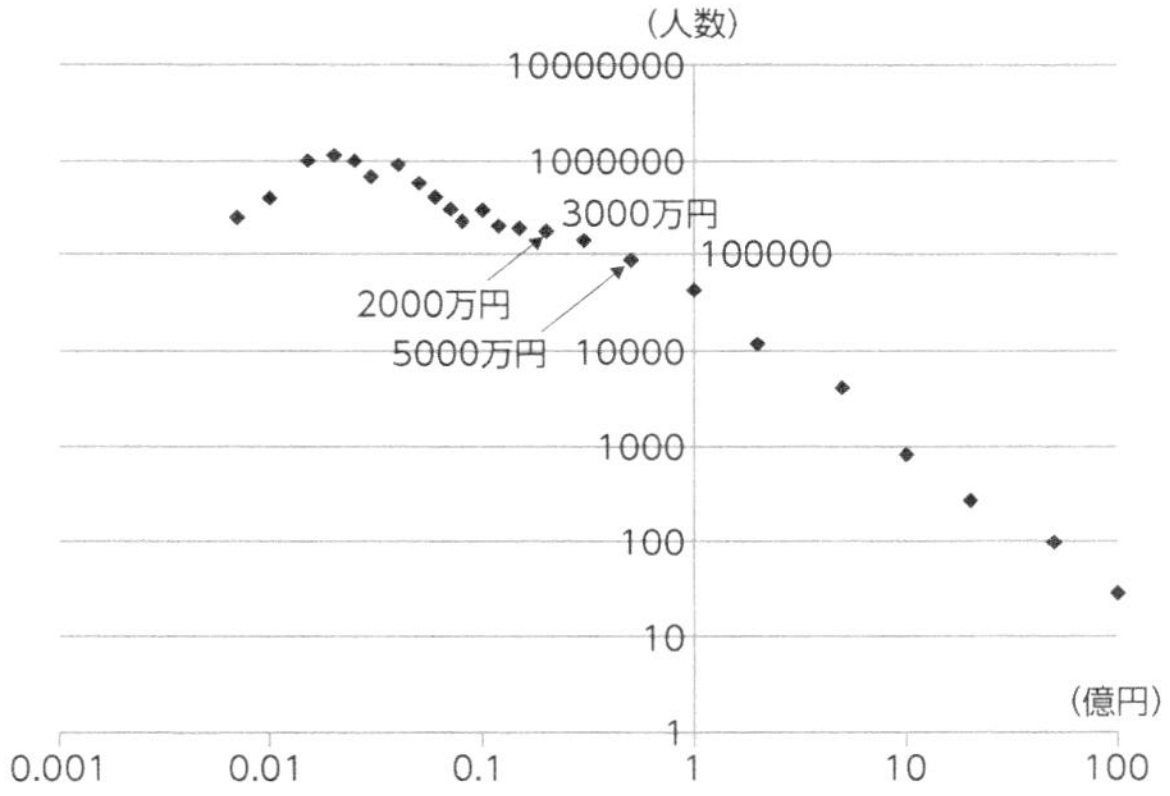

［図14・2］　所得分布の両対数グラフ

さいほど極端なことが起こりやすくなるのです。

勝負をかける人たち

譲二によると高額所得者は、「積み重ねではなく、その時々の運が所得を大きく左右する」世界に生きているようです。そんな彼らの分布はどんなものなのか、見てみましょう。

図14・2は、平成19年度の国税庁統計年報にある給与所得者のデータです（100億円以上の所得として9世帯ありましたが、金額不明のためここでは除外しました）。これは両対数グラフというもので、縦軸横軸とも対数目盛になっていて、普通のグラフとは違います。この両対数グラフを用いると、べき分布のときは傾きが直線になります。このグラフを見ると、たしかに金額が大きくなると傾きが直線になり、下がってくると直線か

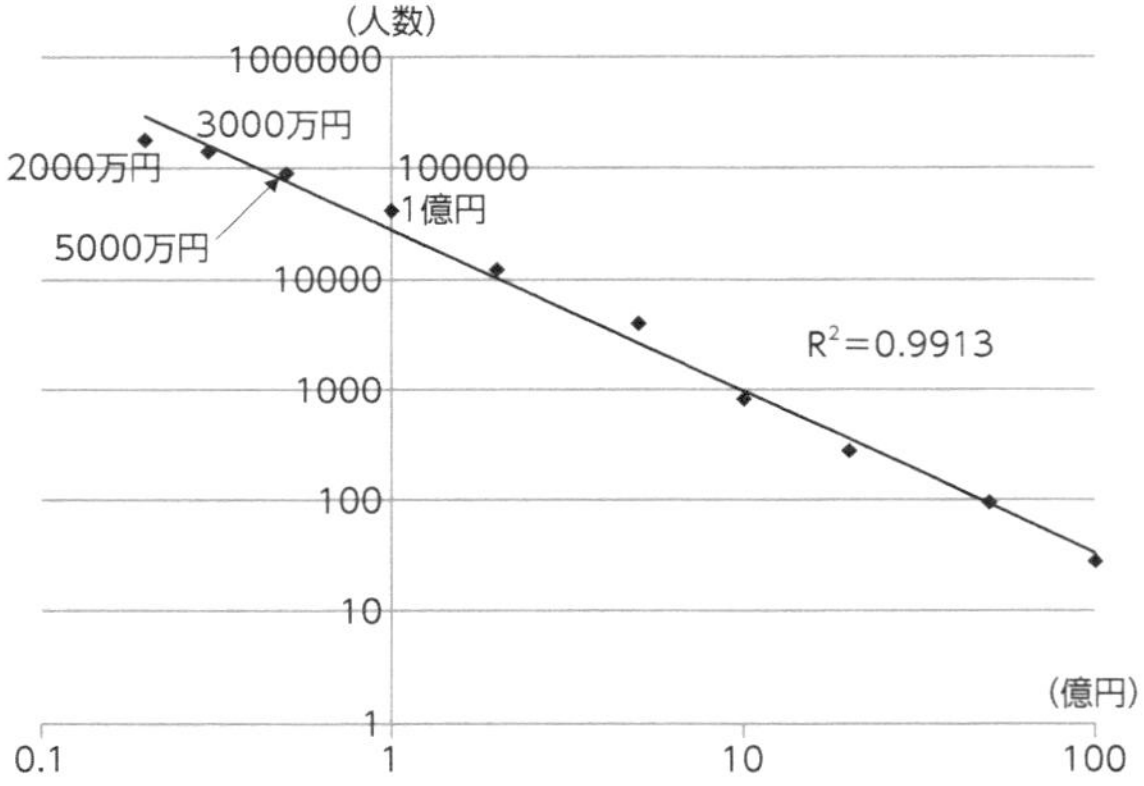

［図14・3］　所得2000万円以上の世帯

ら外れてきます。

そこで、このグラフから2000万円以上だけを取り出して見てみると、図14・3のようになります。回帰分析の結果は、図にある通り、R^2値が0・9913もありました。べき分布（このグラフでは直線に見える）の当てはまりが非常に良いことが分かります。

グラフを見ると2000万円はわずかに外れていて、ここが切れ目かどうかは微妙なところですが、3000万円になると、完全にべき分布の世界へ突入するといえそうです。この場合のパレート指数は1・466になっています（図14・1の例では1・6です）。これを先ほどの式に当てはめると、大ざっぱにいってたとえば所得6000万円以上の世帯数は、所得3000万円以上の世帯数の36・2%になるということを意味します。

この割合は、2000万円以上であれば、金額を変えても同じです。所得1億円以上の世帯数は、所得5000万円以上の世帯数の36・2％になります。これは、べき分布の特徴なのです。

ブレーキのないF1レース

高額所得者の所得分布は、なぜ、べき分布になるのでしょうか。

この水準になると、通常のサラリーマンの給与所得だけでは達成不可能で、何らかの事業所得、株式の売却益などが必要だと考えられます。事業所得、株式の売却益などは、変動が極めて大きいものです。事業は、うまくいけば巨額の利益を得ることができますが、失敗すれば借金を背負うかもしれません。株も同様です。

べき分布の世界は、いわばブレーキのないF1レースのようなもの。クラッシュするまで止まれず、行き先が天国か地獄かは分かりません。何もかもが行きすぎな世界なのです。このようなワイルドな性質が、所得の分布に反映していると考えられています。

これが、高額所得者の所得分布がべき分布になるひとつの説明です。

しかし、突き詰めて考えると、べき分布のメカニズムは完全には解明されているとはいえないことが分かります。もちろん、庶民と高額所得者の間に切れ目がある理由もはっきりしません。

しかし、安心してください。それはごく自然なことです。

話は逆で、分布を見てみたら対数正規分布になっていた、だから背後に掛け算の世界がある、というように考えられているわけです。あくまでも説明は後づけで、実際にどのようなメカニズムであのような分布が現れるのかは分かっていないのです。

社会現象に限らず、ミクロなメカニズム（ここでは個人の所得の決まり方）には、あまりよく分からないことがたくさんあります。たとえば、温度を下げて摂氏0度以下になると水が氷になることは子どもでも知っています。しかし、これをミクロな視点（水分子同士がどのように関係しているか）から説明するのは至難の業で、現在でも十分には分かっていません。

科学は、こうした「分からないこと」と「仮説」の集積なのです。

第14章のまとめ

(a) 高額所得者の所得分布はべき分布になります。

(b) べき分布において、極端なことの起こりやすさはパレート指数で決まります。

(c) パレート指数が大きいと、極端なことは起こりにくくなり、パレート指数が小さいと、極端なことは起こりやすくなります。

第15章 株価の分布は取扱注意

隣の教授室の電話が鳴っている。誰も出ないから切れた——と思ったら、こんどは譲二のところへかかってきた。

譲二　もしもし。

巻　素呂須先生でいらっしゃいますか？　わたくし、株式会社キャピタルズドッグスの巻円久《まきまるひさ》と申します。

譲二　なんだかすごい人から電話が来ちゃったなぁ。わざわざドイツから、何のご用ですか？

巻　あの、投資信託のご案内を、と思いまして。

譲二　ソロスに投信を売るとは、さすが。

巻　は？

譲二　いや、なんでもないです。勧誘、大変ですね。今ちょっと時間があるから、お話うかがいましょうか。

巻　ありがとうございます！　素呂須先生は統計学の先生でいらっしゃるとのことですので、弊社の投資技術について説明させていただきまして、ご納得いただけたところで、商品の案内をさせていただければと存じます。

譲二　投資技術ね。どういうことしてるの？

巻　先生もご存じの通り、株価は正規分布しておりますが……。

譲二　待って。株価が正規分布？

巻　失礼いたしました。株価の変化率でございます。

譲二　株価の変化率そのものが正規分布するの？

巻　はい。

譲二　あのね、そう思ってる人がときどきいるけど、精密に見ると、正規分布するとはいえませんよ。株価の変化率の「対数」がおおむね正規分布するんです。もう少しちゃんというと、対数正規分布ですね。

巻　そうなんですか？

譲二　僕に教わってるんじゃしょうがないなぁ。株屋さん、しっかりしてくださいよ。

巻　すみません。まだ駆け出しなもので……。本当は、電話するのも苦手で（泣）。

譲二　泣かないでくださいよ。

巻　すみません。お話聞いていただけたのが初めてだったもので。

譲二　気の毒ついでに言うけれども、株価はさ、端のほうは対数正規分布じゃないんですよ。

巻　すみません。今、ノートを出します。

譲二　はいはい（なんで投資の勧誘で講義してるのかな、俺）。

巻　出しました！

譲二　株価はですね、だいたいは対数正規分布ですけど、変動の大きなあたりは、意外と確率が大きい「べき分布」になってるんですよ。違う分布がミックスされてるんですね。

巻　そうなんですか。

譲二　じゃ、次はべき分布について説明しますね。裾野がべき分布するっていうのは、「株価がx以上（あるいは以下）になる確率が、xの（絶対値の）2乗とか3乗とかに反比例する」っていうことです。実際には、2とか3みたいにきれいな数字にはならなくて、2・3とか3・1とか、半端な数字になります。これをパレート指数っていうんだけど。

巻　何乗かして、割るんでしたっけ？

譲二　そうそう。それで、こういう分布っていうのは、端っこでは対数正規分布よりもずっと大きいんですよ。だらだら減っていく。ファットテイルともいいます。太ったしっぽね。パレート指数が大きいとテイルは細くなって、逆にパレート指数が小さいとテイルは太くなるわけです。

巻　そうなんですか。初めて知りました。

譲二　投資技術、なんてカッコいいこと言うんなら、このくらい分かってから勧誘したらいいと思うよ。

巻　そうですね。勉強不足が身に沁みました。でも、私、もうこの仕事をやめようかと。

譲二　え？　声が小さくなって、よく聞こえないんだけど。

巻　先生のお話をうかがっているうちに、投機はやっぱり良くないことだと思いまして。お金は労働の対価であって、資本を転がして儲けるのは間違っているのではないかと（泣）。

譲二　いや、だから泣かなくても（どうして僕の話でそう思ったのかなぁ）。

巻　いいえ、本当にありがとうございました。おかげで目が覚めました。革命を起こしたいと思います。

譲二　革命？　やっぱりそう来るか。いや、それじゃ、これから頑張ってくださいね。身体に気をつけてね、マルクスさん。

巻　ありがとうございますっ！（泣）

譲二　（なーにやってんだ俺は！）

解説

値動きの法則

本章では、株価の値動きを通して、前章の解説を深めていきます。対数正規分布とべき分布については、前章と本章を読めば体感的にはほぼ理解できるはずです。

株価の値動きは、一見すると前章で紹介した所得とは全然違う現象のように見えます。所得は個人の努力の結晶であって、株みたいな一種の賭け事（異論もあるでしょうが）とは違う、という意見もありそうですが……。

その真相を探ってみましょう。

株価は、統計好きには魅力的な分析対象です。株の値動きの法則がつかめれば大儲けできる、と野心が芽生える人もいるかもしれませんね。

株価が決まるとき、世界のどこかで、売りたい人と買いたい人が、相手が誰なのか知りもしないまま売買しています。当然ですが、売りたい人と買いたい人は、同じ株の値動きに関してまったく逆の予想をしているわけです。よくよく考えると、不思議な気がしてきませんか？　株価とは、値段がつくということ自体がいちばんのミステリーなのかもしれません。

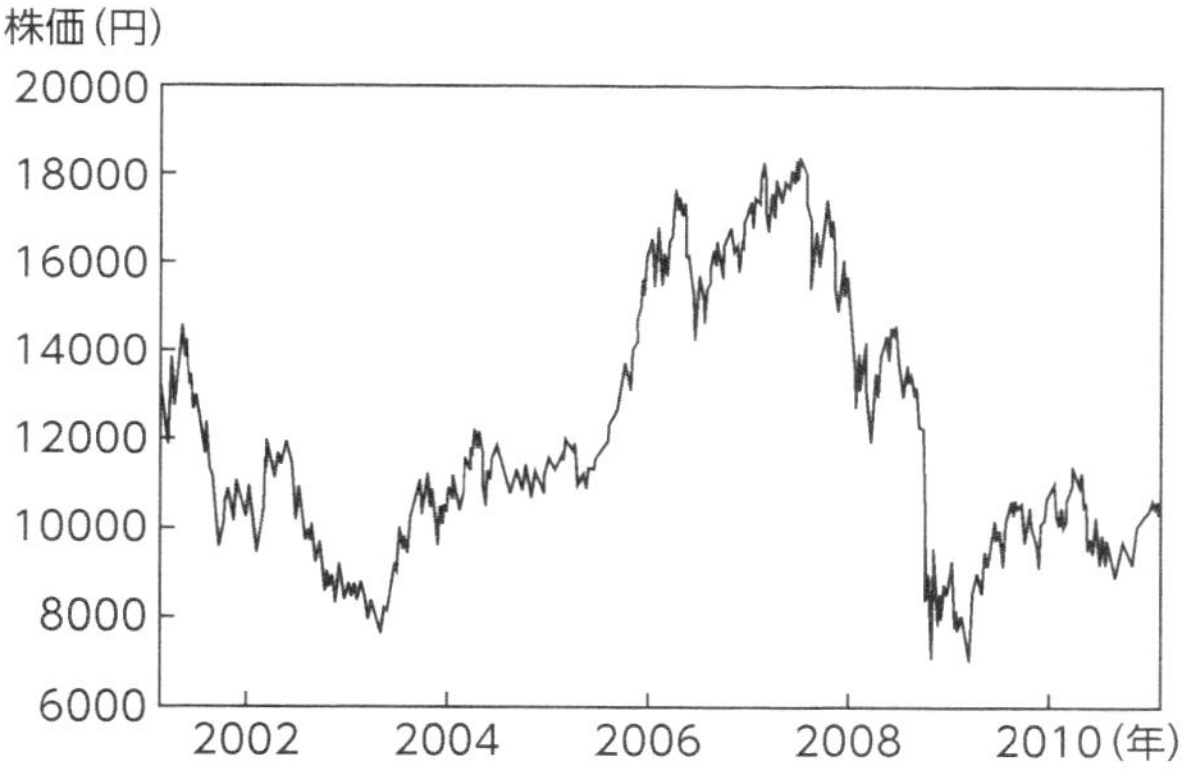

［図15・1］　日経平均10年間の値動き

株価のモデルを考えるには

株価のモデルを考えるとき、私たちはさまざまな仮定を置く必要があります。

まず、株価はマイナスにはならないと考えられるので、「株価がマイナスになる確率は0」でなければなりません。このことから、「株価の変化率がそのまま正規分布する」という仮定は、適当ではないことになります[*12]。なぜなら、正規分布では「マイナスの値を取る確率は、つねに0より大きくなってしまう」からです。

ん？　この仮定は神経質すぎではないか、と思われるかもしれませんね。「だってさっきまで、身長が正規分布するとかテストの点が正規分布するとか言っていたじゃないか、だけど、身長もテストの点もマイナスにはならないじゃないか」

と。

スルドイ！　その通りです。

身長やテストの点が正規分布になる、というのは、本書では何度か言及していますが、あくまで近似の話です。テストの点はとくに大ざっぱな近似で、第5章で見たように歪むことがよくあります。テストの点の場合、正規分布の当てはめは多分に便宜的なものです。

一方、身長は正規分布でかなりうまく近似できます。日本人の身長の場合、たとえば２００６年の25歳から29歳までの男性の平均身長は１７２・１９センチで、標準偏差は５・５１センチでした。１７２・１９センチというのは、標準偏差約31個分もあります。これが何を意味するかというと、たとえば「平均身長から標準偏差10個分以上小さい身長」、つまり１１７・０９センチ以下の身長の人が出現する確率は、１００万×１００万×１００万×１０万分の１よりも小さいということなのです。[*13] したがって、マイナスになる、つまり平均から標準偏差31個分以上小さくなる確率は、標準偏差10個分小さい確率よりもはるかに小さくなるため、０と思っても差し支えないのです。

ところが、株価の場合は、標準偏差が平均株価（身長の分布のときは平均身長に相当）のわりにかなり大きくなります。したがって正規分布のモデルだと、マイナスになる確率が身長のときのように無視できるほど小さくならないのです。

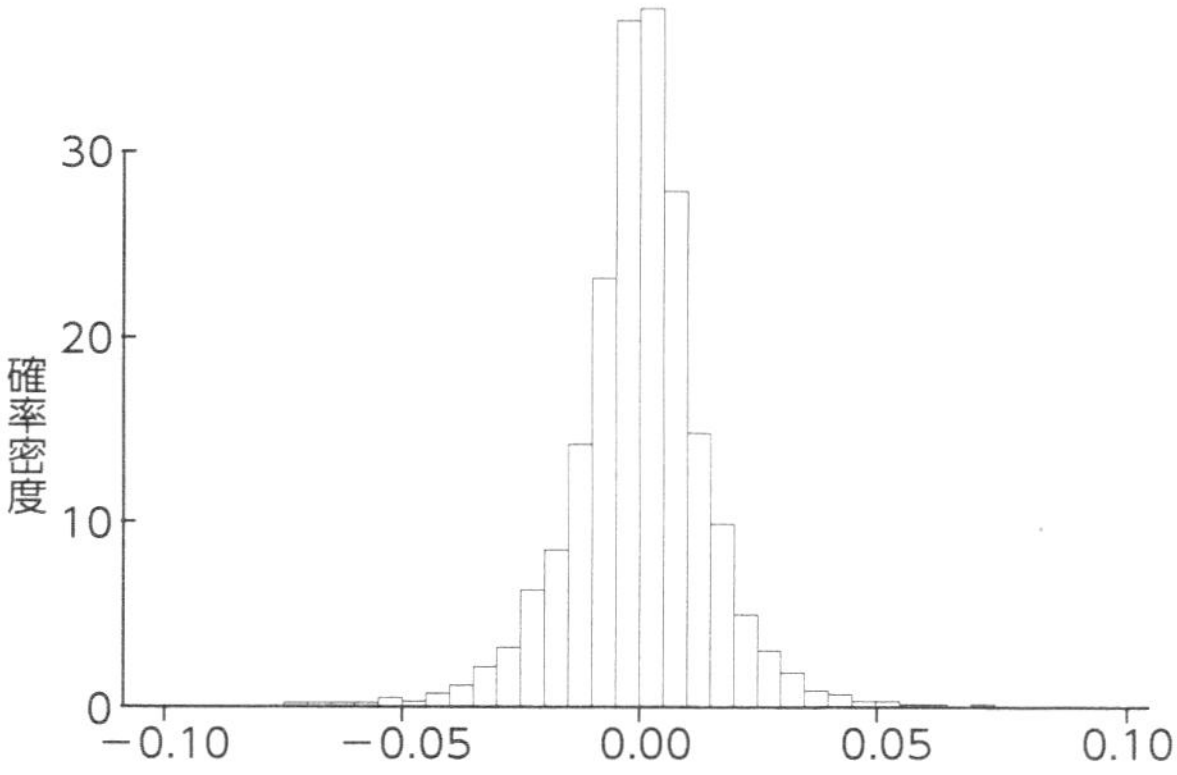

［図15・2］　日経225平均の（自然）対数差分のヒストグラム
（1984年1月4日〜2010年12月15日の終値）

そこで、はじめから絶対にマイナスにならないような分布を想定する必要があります。[14]

●市場にひそむ魔物の正体

0にならない（0になる確率が0の）モデルのうち、もっとも代表的なのが対数正規分布のモデルです。

対数正規分布は、比較的確認しやすいので、実際に日経平均のデータの対数差分を取ったものをヒストグラムにしてみましょう。ここでいう「対数差分」とは、前日の終値と当日の終値の比の対数をとったものです。

さて、第13章で見たように、株価の変化が対数正規分布になるなら、その対数差分は正規分布するはずです。図15・2は、１９８４年から２０１０年にかけての株価の変動データの対数

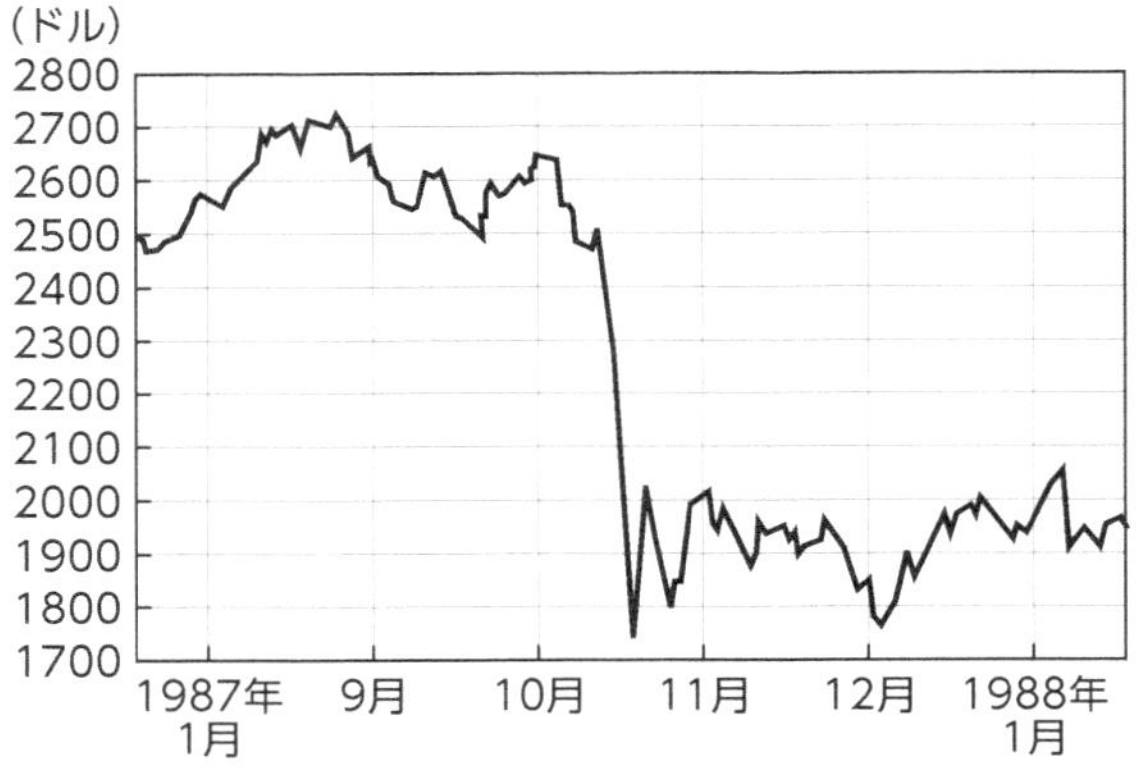

［図15・3］　ブラックマンデーのときのダウ平均株価の値動き

差分をとったものですが、たしかに、0の近くを中心として、対称に近い分布になっていますね。実際、正規分布で「おおむね」うまく近似できます。これは、株価の変動のモデルのうち、もっとも広く使われていたもので、有名なブラック・ショールズ評価式（オプションと呼ばれる金融派生商品の価格の決定公式）でも仮定されているものです。

しかし、株価の変動の分布を丁寧に調べていくと、話はそう単純ではないことが分かります。

株価の変化率の分布の裾野（テイル）をよく見てみると、そこにはまたしても、あの魔物「べき分布」がひそんでいたのです。べき分布の世界では、「極端なこと」が起きます。短期間の変動が、ものすごく大きいことがあるのです。たとえば、1987年に起きたブラックマンデーがそうです（図15・3）。

このように現在では、株価は対数正規分布の理論が予測するよりも、はるかに急激な変化をしやすいことが知られています。

劇的な例として名高いのは、べき分布の解析で有名なマンデルブロが挙げているアルカテル社（のちにアルカテル・ルーセント社）の例です。１９９８年9月、アルカテル社の株価は1日に40％下落し、その後数日間でさらに6％下落しました。これは、「アルカテル社の株価の１日あたりの変動の標準偏差の10倍の変動」ということになります。いやはや。

対数正規分布のモデルで考えると、このようなことが起きる確率は、わずか7・6×10^{-24}しかありません。１００億×３００億年に1回起こる確率といったら想像がつくでしょうか。極端に小さな確率です。

標準偏差の6倍以上の変動でさえ、対数正規分布で計算すると、10億年に1回しか起きないはずです。にもかかわらず、ここ１００年の間に何度も起きているのです。

●想定内の大暴落

株価の分布は、一見すると時期に強く依存しそうに見えます。つまり、短い時間では変化が激しくても、長い時間軸で見ると緩やかな変化になるのではないか、とも思えます。しかし、実際

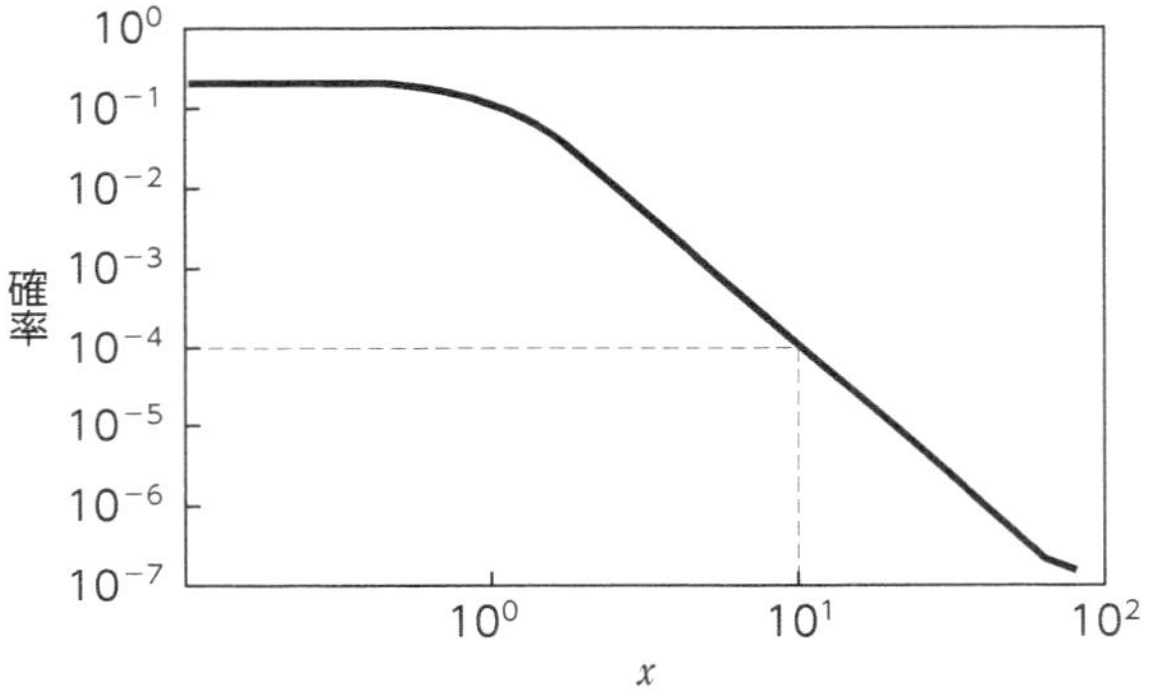

［図15・4］　リターンがxよりも大きくなる確率

はそうではありません。時間単位を1分から1ヵ月まで変化させても形が変化しない、普遍的な形の分布があるのです。それを示す研究結果を見てみましょう。

科学雑誌の最高峰『ネイチャー』に掲載された、「金融市場の変動におけるべき法則の理論」*15という論文があります。この論文では、「Trade and Quote」というデータベースにおいて、1994年から95年の期間、規模で上位1000位以内にある会社の株価を分析しています。

図15・4は、15分おきの株価の変動（正確には株価の対数差分の絶対値）がxよりも大きくなる確率です。ちょっと難しくなってしまいますが、データの読み方を説明すると、ここでxは標準偏差を1単位として対数目盛にしたものです。縦軸が確率で、これも対数目盛になっています。

さて、このデータを見て分かることは、「株価のテイルは、はっきりとべき分布になっている」ということです。

まず、標準偏差の10倍（10^1倍）のところを読むと、対応する確率は、約10^{-4}です。つまり、１００００×15分に1回起きている。これは1日を24時間で換算すると、１０４日分にすぎません。株式市場は24時間開いているわけではないので、１０４日に1回という割合は、実際の市場が開いている日数ではありませんが、かなりの頻度です。

これだけなら、15分単位の話にすぎない、と思われるかもしれません。しかし、驚くべきことにこのグラフは、時間単位を変化させても、形が変化しないのです。

グラフは15分単位でしたが、これを1分から1ヵ月まで変化させても形は変わりません。１９２９年の世界大恐慌と１９８７年のブラックマンデーを含む期間でも、安定的な値だというのです。つまり、歴史的な二度の大暴落も、統計的には想定の範囲内だったということです。

シェルピンスキー・ガスケット

図15・5は、シェルピンスキー・ガスケットと呼ばれるフラクタル図形です。

全体を半分にした図形が中にあり、さらにそれをまた半分にした図形がその中にあります。部分と全体が同じ形をしているのです。ちょっと神秘的でしょう。

［図15・5］　シェルピンスキー・ガスケット

先ほど、株価のリターンの分布が時間スケールを1分から1ヵ月まで変えても同じ形をしていると言いましたが、それは、スケールを2分の1、4分の1、8分の1と変えても同じ形をしているということと類似しています。株価変動の分布も、1分、15分、1ヵ月単位で見て同じ形になっているからです。

これは、株価のテイルの分布が、フラクタル図形と呼ばれるものと類似の構造を持つことを示しています。つまり、先ほどと同じように、日数ベースで見た場合、標準偏差の10倍の変動が起きる確率は、10000日に1回もあります。これは、1年を365日として単純換算した場合、27～28年に1回の計算になります。

というわけで、株価のテイル部分の確率分布は、対数正規分布とはかけ離れた分布――つまり、べき分布なのです。なぜ、このように普遍的なべき分布が出現するのかは、まだ分かっていません。べき分布のミステリーが完全に解明されるのは、いつのことでしょうか。

第15章のまとめ

(a) 株価は、変動が小さいところでは対数正規分布します。
(b) 株価は、変動が大きいところでは、べき分布になります。
(c) 株価の分布は、変動が大きいところでは、時間スケールを1分、15分、1ヵ月のように変化させても同じ形をしています。
(d) べき分布が出現するメカニズムには不明な点がたくさんあります。

第16章 世界記録はどこまで伸びるか

テレビで、世界陸上を観戦する素呂須一家。オープニングセレモニーにちょっと感動している。

真音 わくわくするわね！ 今回は、どんな素晴らしいシーンが観られるかしら。

もあ 私は記録が気になるな。人類がどこまでいけるかって興味あるし。

譲二 だいたいの種目は、限界に近いところまで記録が伸びてるらしいけどね。

もあ えー、まだいけるよ。私、人類の可能性を信じてるもん。

真音 いわれてみれば、長い間やってるんだから、そろそろ全種目限界になっても不思議じゃないわね。

もあ やだ、まだまだいけるよ。これまでだって、何度も記録を更新し続けてきたじゃない。

譲二　たしかに記録は伸びるかもしれないけど、人間の身体には限界がある。おそらく、どんなに頑張っても、人類が100メートル走で9秒を切ることはないと思う。
もあ　何でそんなことが分かるのよ？
譲二　予測した論文があるんだよ。
真音　もしかして、またまた統計の話かしら。
譲二　「人間至るところ統計あり」だよ。はは。
もあ　そ、それすごいね。どうやって予測するの？　人類の限界が分かるの？
譲二　極値《きょくち》統計の理論っていうのがあるんだよ。ベスト記録の分布が分かるんだ。
もあ　うわぁ。統計学って、何でもやってるんだね。お父さんが偉いような気がしてきたよ。
真音　それ、錯覚よ。
譲二　せっかくその気なんだから、そっとしといてくれよ。
もあ　ところで、「極値」って何？
譲二　最大値か最小値のこと。極端な値。たとえば、100メートル走の世界記録はいろんな選手の記録の最小値だし、走り高跳びだと最大値になる。
もあ　うんうん。
譲二　極値がどんな形の分布になるのかを理論的に計算しておいて、世界記録のデータをあてはめる。それを使って、限界を予測するんだよ。

もあ　予測した結果はどうなったの？

譲二　「男子100メートルは9秒29まで、女子マラソンは2時間6分35秒まで記録が伸びる」と予想されてるね。

真音　9秒29ってすごいけど、9秒は切れないのね。女子マラソンは、まだ伸びるってことなのかしら。

譲二　おそらく。

もあ　他の種目はどうなの？

譲二　あまり伸びないらしい。

もあ　そうかぁ、残念。でも、記録が更新されないと決まったわけじゃないよね。

譲二　もちろん。

真音　それに、スポーツの醍醐味は、記録だけじゃないからね。マラソンは、何度見ても感動

するわ。

もあ　ただ走ってるだけなのにね。

譲二　いやいや、マラソンも案外、頭脳戦なんだぞ。統計的に考えると……。

真音　また出た、統計話。もうすぐ競技が始まるわよ！

解説

しっぽをつかめ！

最大値、最小値の分布は、さまざまなところに現れます。会話編で紹介した100メートル走の世界記録（最小値）はもちろん、最長の寿命（最大値）も極値分布の例になります。

また、身近な例では、最大降水量の予測などにも役立てられています。これは、災害防止の観点からも重要です。たとえば、一定期間の降水量が限界を超えると、川が氾濫し、場合によっては大きな被害が出る可能性があります。気象庁の「異常気象リスクマップ」を見ると、極値分布を応用して最大降水量を見積もる方法が解説されています。河川技術者たちは、こうした理論を学び、私たちを災害から守っているのですね。

これらの推定方法は大変複雑なものですが、そのエッセンスといえる部分を紹介しましょう。

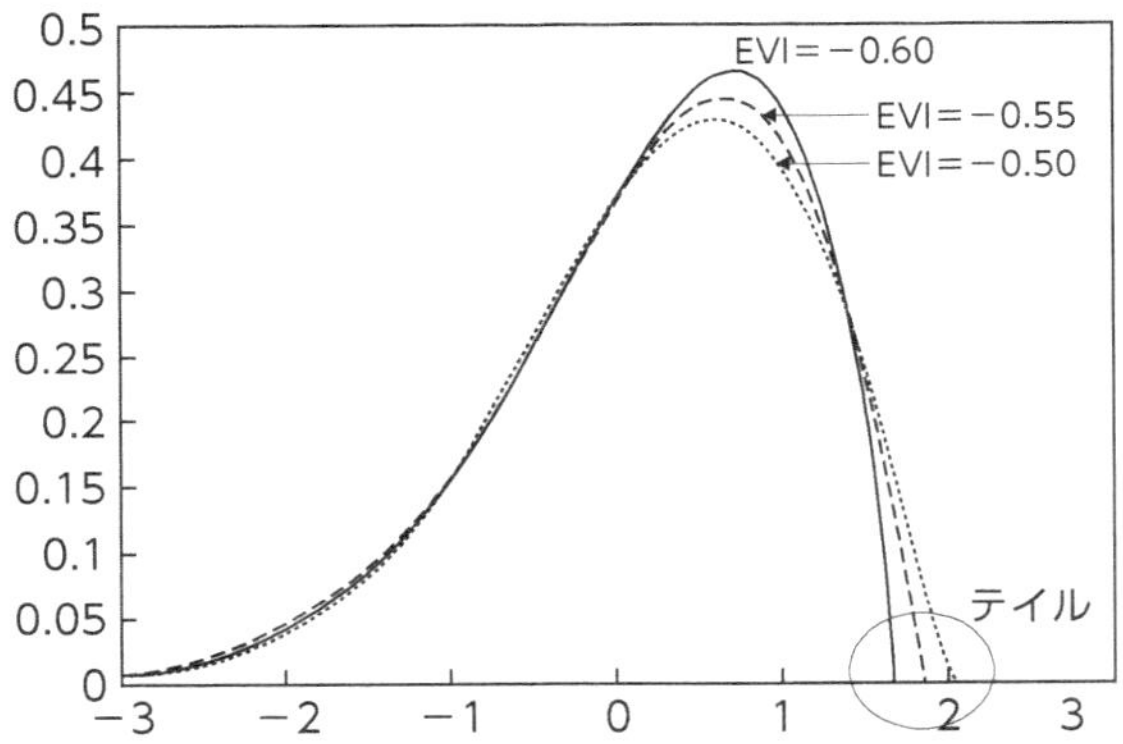

［図16・1］ EVIの値と極値分布の形

２００６年12月、産経新聞に「陸上男子百メートル ９秒２９限界？ 数学者が予測」という記事が掲載されました。

その内容は、男子１００メートル走の記録は９秒２９まで伸びる可能性があるが、男子マラソンは限界に近い。女子マラソンは、まだ8分以上記録が更新される可能性がある、というものです。

これは、ティルブルク大学（ドイツ）の統計学者、ジョン・アインマールと、同じく計量経済学者のジャン・マグナスの研究[*16]によるものです。彼らは世界記録の予測に、極値統計の理論を使いました。いったいどのように考えたのでしょうか。

極値統計の理論では、極値分布というものを使います。極限分布の形を決めるためには、「極値インデックス」という指標がもっとも重要です。[*17]

極値インデックスとは、ＥＶＩ（extreme-value

index）[*18]とも呼ばれ、とくに極値分布のテイル（裾野）の形を決めています。ＥＶＩのイメージをつかむために、極値分布の形がどう変わるかを見てみましょう。

図16・1は、ＥＶＩがマイナスのときの形です。値によって少しずつ変わりますが、いずれもテイルが切れて、途中からゼロになっていますね。ここがミソ。このお陰で、人類の限界が推定できるのです。

●トリニティ定理

図16・1はＥＶＩがマイナスのときのものでしたが、ＥＶＩがゼロのときやプラスのときは、それぞれ違った形になります。次に、ＥＶＩがマイナスのとき、ゼロのとき、プラスのときの図を3つ並べてみましょう（図16・2）。

極値分布がこの3つのタイプに分けられることは、トリニティ（三つ組）定理として知られています。トリニティ定理の3つのタイプには、それぞれ発見者の名前がついており、マイナス、ゼロ、プラスに応じて、ワイブル族、グンベル族、フレッシェ族といいます。

教科書的な説明はさておき、ここで何がポイントかといえば、ＥＶＩの値によって分布の形が変わっていくことなのです。

なお、図16・2は最大値の分布です。たとえば、走り高跳びの世界記録2メートル45センチな

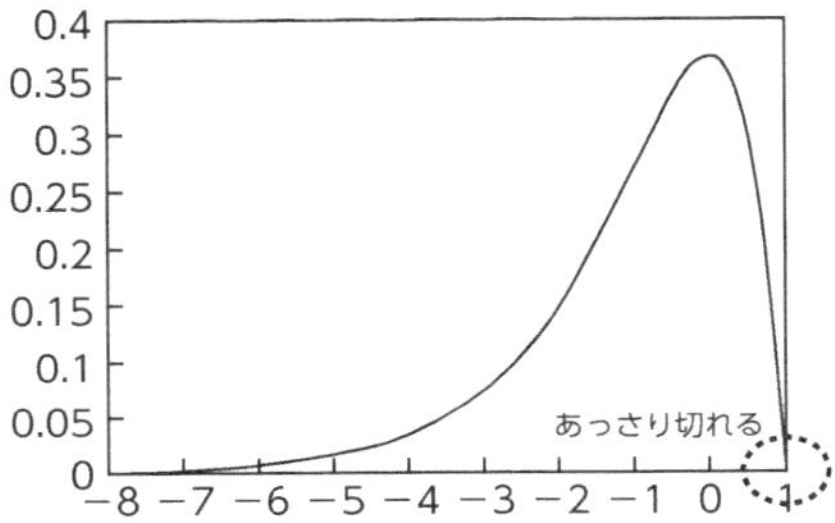

「EVI＜0」の場合の極値分布（ワイブル族）

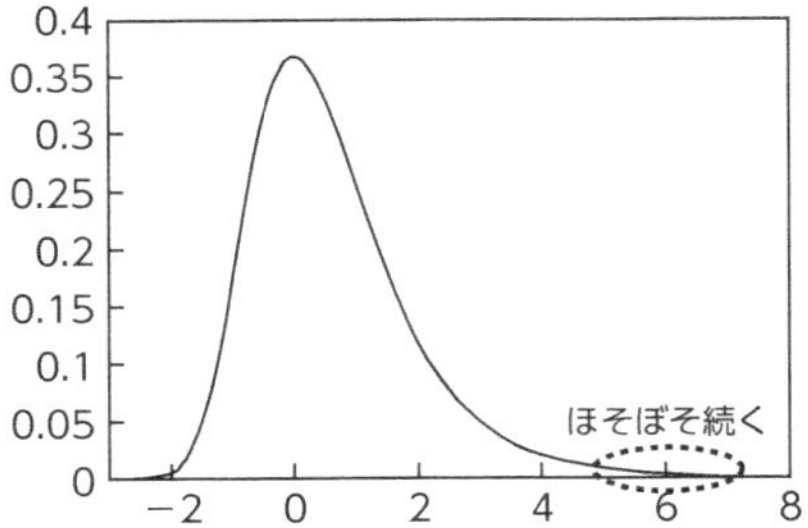

「EVI＝0」の場合の極値分布（グンベル族）

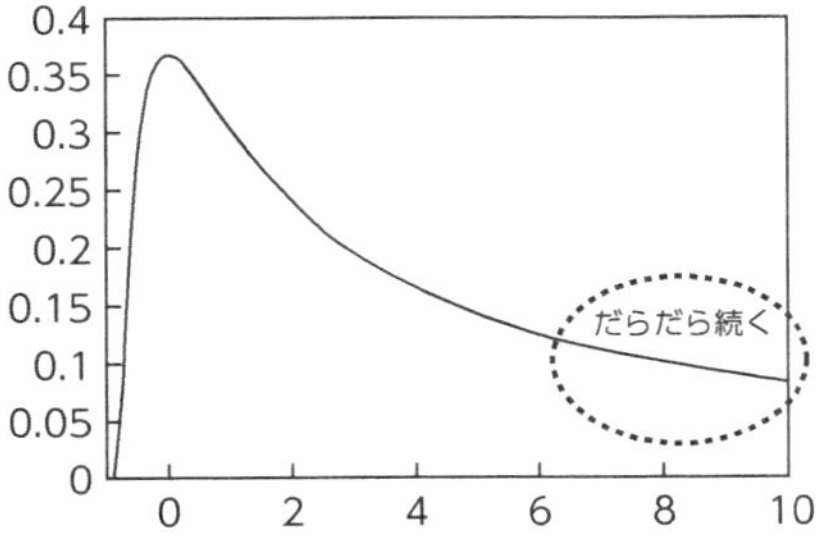

［図16・2］「EVI＞0」の場合の極値分布（フレッシェ族）

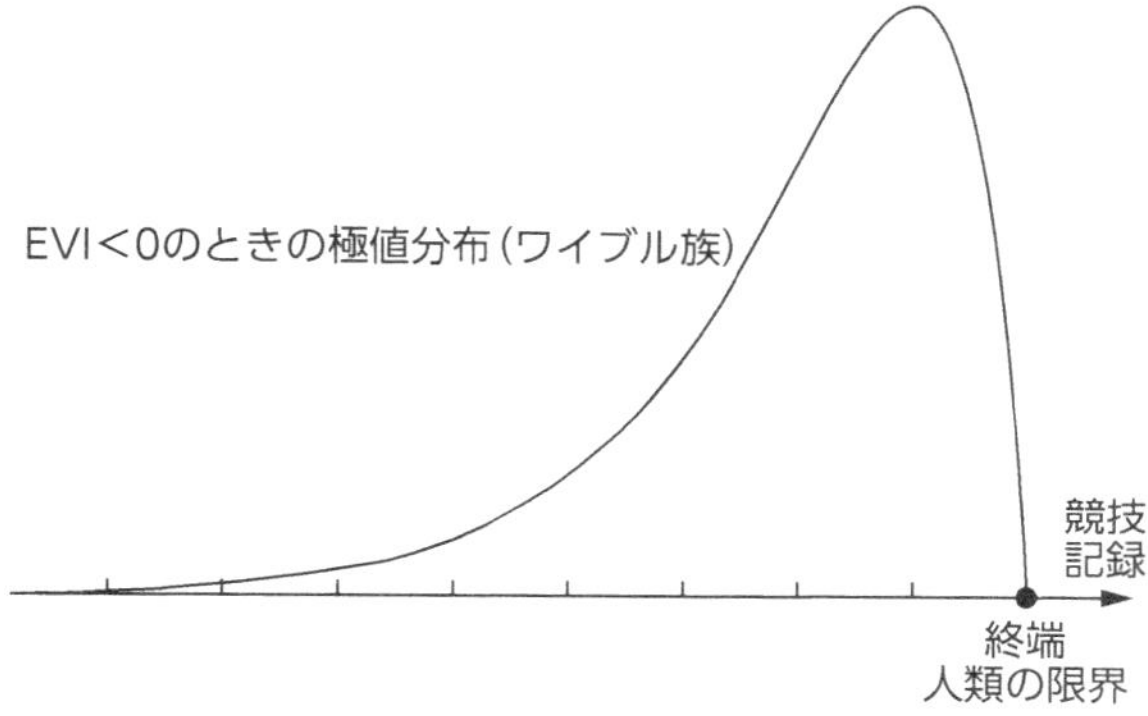

［図16・3］　人類の限界

どが、記録の「最大値」になります。逆に、100メートル走の場合は9秒74など、記録の「最小値」が問題になります。そのため、最小値を考える場合、図16・2の最大値のグラフとは、左右が入れ替わります。

●予測できること、できないこと

EVIを推定して終端を求めるときの基本的な考え方は、ざっくりいうと次のような感じです。

たとえば走り高跳びの最高記録の推移を見ていくと、徐々に記録が接近してきます。つまり、最初の頃は記録が1メートル80センチから急に2メートルになったりして、一気に伸びます。しかし、2メートル20センチあたりから先は、記録が大きく更新されることが少なくなり、2メートル30センチを過ぎたあたりからは、かすかな伸びし

種目	男子	女子
競走		
100m	−.11	−.14
110/100mハードル	−.16	−.25
200m	−.11	−.18
400m	−.07	−.15
800m	−.20	−.26
1,500m	−.20	−.29
10,000m	−.04	−.08
マラソン	−.27	−.11
投てき		
砲丸投げ	−.18	−.30
やり投げ	−.15	−.30
円盤投げ	−.23	−.16
跳躍		
走幅跳	.06	−.07
走高跳	−.20	−.22
棒高跳	——	——

［表16・1］　極値インデックス推計結果

かなくなります。それだけ人類の限界に近付いているからです。

図16・3のようにEVIがマイナスのとき、ある値から先は、ぷつりと切れて0になります。したがって、この終端(endpoint)を求めれば、それが人類の限界ということになるわけです。アインマールたちは、大ざっぱにいうと、最高記録同士の間隔のデータ、記録のバラツキをもとにしてEVIを推定し、それを使って分布の終端、つまり人類の限界を推定したのです。

一方、EVIがゼロ以上（EVI≧0）の分布では、テイルの太さは変わるものの、終端はありません。とするとこの場合、記録が無限に伸びることになってしまいま

種目	男子		女子	
	上限	世界記録	上限	世界記録
競走				
100m	9.29	9.74	10.11	10.49
110/100mハードル	12.38	12.88	11.98	12.21
200m	18.63	19.32	20.75	21.34
400m	—	43.18	45.79	47.60
800m	1:39.65	1:41.11	1:52.28	1:53.28
1,500m	3:22.63	3:26.00	3:48.33	3:50.46
10,000m	—	26:17.53	—	29:31.78
マラソン	2:04.06	2:04.26	2:06.35	2:15.25
投てき				
砲丸投げ	24.80	23.12	23.70	22.63
やり投げ	106.50	98.48	72.50	71.70
円盤投げ	77.00	74.08	85.00	76.80
跳躍				
走幅跳	—	8.95	—	7.52
走高跳	2.50	2.45	2.15	2.09

［表16・2］　さまざまな種目における人類の限界？

す。

これは不合理ですね。もし、ＥＶＩがゼロ以上になったとすると、それはデータが不足しているとか、記録の精度が十分でないなど、推計するにはまだ情報が不足していることを示しています。当然、終端の推計は不可能です。

アインマールとマグナスは、これまでの陸上競技記録を分析して、極値インデックスを推計しました。結果は、表16・1のとおりです。

推計結果によると、男子の走り幅跳びではＥＶＩがプラスでした。これは、対応する極値分布がフレッシェ族（だらだら続く型）であることを意味します。つまり、男子走り幅跳びでは終端の推計はできません。しかし、それ以外のすべての種目で、EVIがマイナスになっています。この場合の極値分布はワイブル族（あっさり切れる型）になりますから、終端を推計することができます。

●ワイブル族の大予言

分布に上限があるというワイブル族[*19]の特徴を利用すると、競技記録の上限が計算できます。論文では970もの記録を分析して、予想される「上限」を求めています（表16・2）。表を見てみると、そろそろ限界が見える種目と、そうでないものがありますね。女子のマラソンの最高記録は2時間6分35秒まで縮むという計算になっています。

この予測は見事、的中するでしょうか。それとも、人類が理屈を超えた力を発揮して、限界をも突破してしまうのでしょうか。

第16章のまとめ

（a）最大値、最小値の分布は極値分布になります。
（b）極値分布の形は、EVI（極値インデックス）で決まります。
（c）EVIの値によって、テイルの形がワイブル族（あっさり切れる型）、グンベル族

（ほそぼそ続く型）、フレッシェ族（だらだら続く型）に分けられます。

（d）極値分布を使って陸上競技などの記録の限界を予測することができます。

（e）極値統計は、最大降水量の予測などにも利用され、私たちの生活を守っています。

第17章
世界は分けようとしても分けられない

家族そろって、テレビ「ＭＭＪスペシャル――世界金融危機　崩壊は予測できなかったのか」を観る。

もあ　リーマンショックだかサブプライムショックって、ようするにアメリカの話だよね？

譲二　そうだね、それぞれはね。

もあ　なのに、どうして世界中が大迷惑なの？　なんで日本までひどい目に遭っちゃったの？

譲二　日本の状況がひどい理由は、別に世界金融危機だけの話じゃないけどね。たしかに、アメリカの国内問題で世界中が混乱するのは不思議だね。

もあ　そうだよね。この話に関係する本を読んでも、なんだか腑に落ちないの。分かるといえば分かるんだけど、なんだか変な気分。ようするに、最初は返してくれなさそうな人に住宅ローンをたくさん貸しつけて、結局返せない人が増えてパニック、っていう話だよね。なんだか当たり前すぎると思うんだけど。

譲二　そうそう。後から見たら、なんでこんなことが分からなかったのか、というような話だね。この問題を複雑化しているのは、「証券化」だろうな。

もあ　あー、講義で習ったよ、証券化。サブプライムローンの大半をウォール街の銀行と証券会社が買って、それを適当にブレンドして証券化して世界中に売りまくったんでしょ。これで世界が大混乱。

譲二　うん。サブプライムローンが問題だという認識は、実は90年代終わりからあったんだけど、2006年末に、3ヵ月以上延滞する割合（延滞率）が13％を超えた。このとき、はっきり目に見えてきたんだと思う。2007年4月に、ニュー・センチュリー・ファイナンシャルが破綻したり、証券会社のベアー・スターンズ傘下のファンドが破綻したあたりで、これはまずいな、という感じにはなったけど、アメリカ国内の問題だと思っている人が多かったんだよね。

もあ　そこで何が起きたんだっけ？

譲二　8月に、フランスでパリバショックが起きたんだよ。BNPパリバ銀行がサブプライム証券化商品に投資した傘下のファンドを凍結して、大問題になった。

もあ　そうそう。それが世界金融危機につながるんだよね。

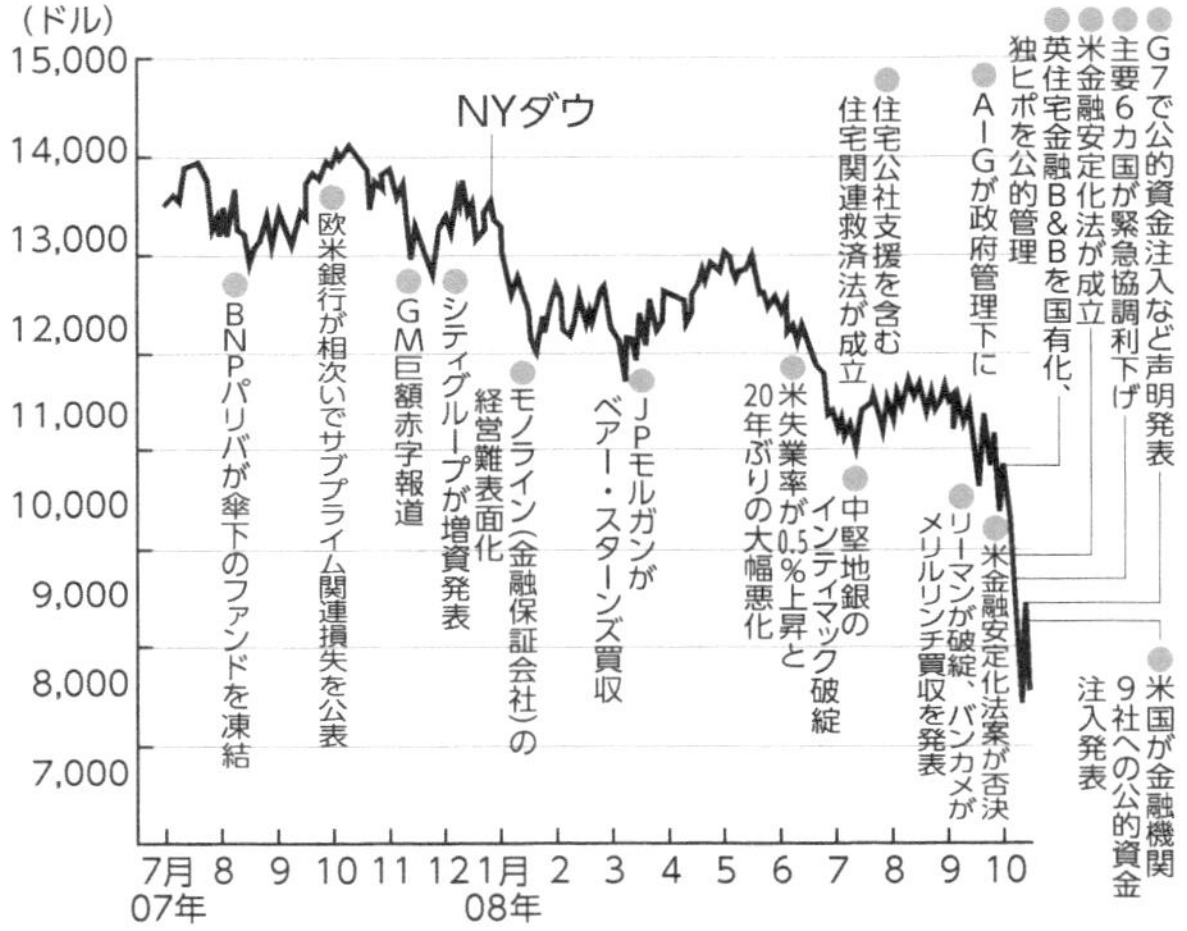

［図17・1］　世界金融危機とダウ平均株価の値動き
（出典：週刊東洋経済）

譲二　そうなる。その経緯はまるで危機がどんどん飛び火していくようで、株価と並べて見ると圧巻だよ（図17・1）。

もあ　へえ、たしかにね。

譲二　危機が表面化してから、たった1年ちょっとの間の出来事なんだから、不思議なものだ。

もあ　世界はつながっているんだね。

譲二　そうだね。こういうことがあるから、株式投資は難しい。べき分布の世界のワイルドさは、僕らの想像を超えている。

もあ　グローバル化って、怖い面もあるね。

譲二　そうだね。メカニズムは、こういう危機が起きてからでないと分からない。グローバル化で、ローカルな事件が世界を振り回す可能性が高まったのはたしかだ。
もあ　だったら、規制すべきだよね？
譲二　それは分からない。あちこちで規制が入ったときに全体がどうなるかは、よく分からないんだよ。
もあ　規制を強化すれば、これほど大きな危機はなくなるんじゃない？
譲二　それも、じつは分からない。規制のおかげでおかしなことが起きる可能性もある。
　話はちょっと違うけど、たとえば今問題になっている非正規雇用を全面的に禁止したら、理想的な状態ができるように思えるよね。でも、企業としては大損するようなことはしたくないので、日本で人を雇わず、海外で人を雇うようになってしまう、ということだって起こりうる。金融はもっと複雑で、何が起きるかを予想するのは難しい。
もあ　嫌な話だねえ。
譲二　規制でお金の流れがどうなるのか、誰も本当のところは知らないんじゃないかな。うーん、それにしても、背後にあるメカニズムは山火事とよく似てるような気がするなぁ……（ぶつぶつ）。
もあ　お父さん、またノートに訳の分からない数式を書いてる。統計が好きなんだね、ホントに……。

やばい
サブプライムローン
やばい
やばい
証券会社破綻
ひー!
パリバショック
ドカーン
世界金融危機

解説

最後は、べき分布が出現するカラクリを理解する上で、ヒントとなる話です。

本章を読んで、プログラミングの得意な人なら、どういうシミュレーションをすればよいかなんとなく分かるかもしれません。また、ビジネスのアイディアや、頭になんらかの数理モデルが浮かぶ人もいるのではないかと期待しています。

金融市場に潜む魔物の正体。一緒に考えてみましょう。

金融危機のカラクリ

サブプライム問題に端を発した世界金融危機は、またたく間に大混乱を引き起こし、世界経済に深刻なダメージを与えました。

振り返ってみると、アメリカの住宅価格は、21世紀に入ってから持続的に上昇を続けていました（図17・2）。しかし、2006年に入って頭打ちになり、価格が下がり始めます。住宅バブルが崩壊したのです。

そもそも、サブプライムローンの借り手たちは、一般的な住宅ローンの審査には通らないよう

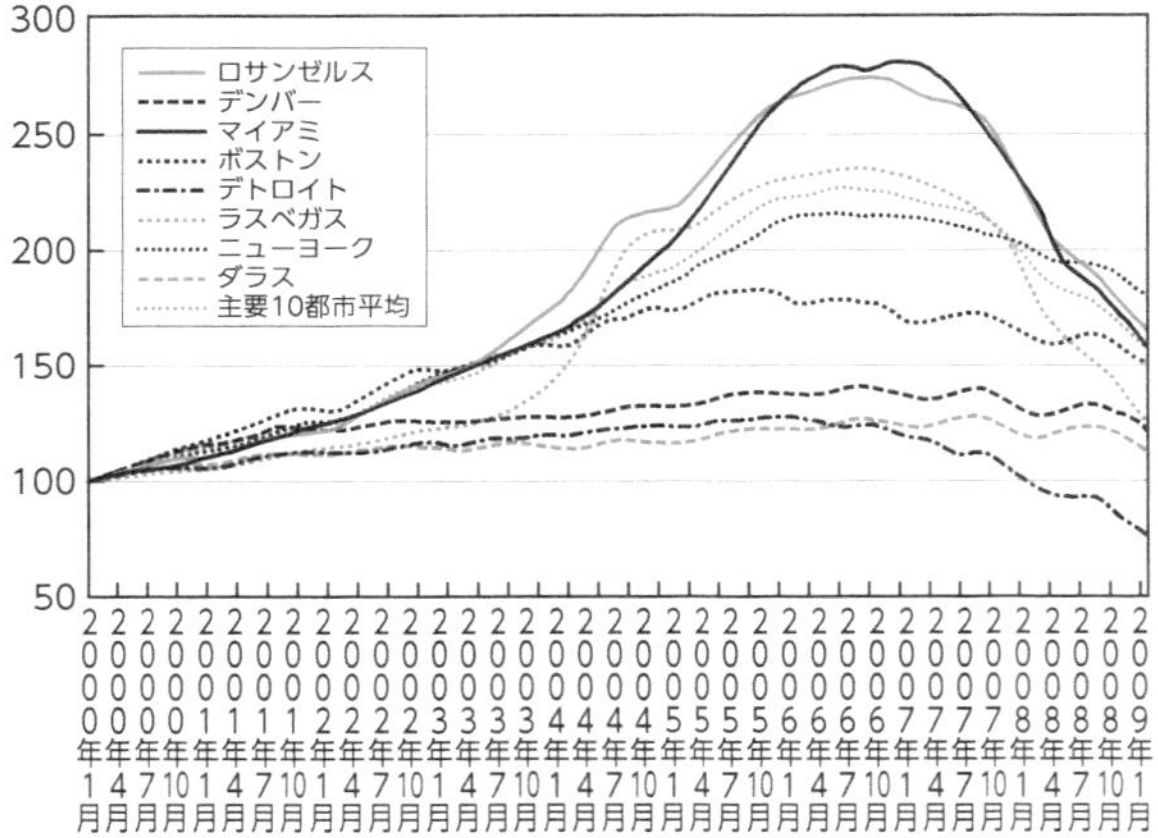

［図17・2］ アメリカの住宅価格の推移*20

な、信用力の低い人たちでした。しかし、住宅価格が上昇を続けている限り、多少無理のあるローンでも、すぐにより良い条件で借り換えができると信じて、ローンに手を出していたのです。

日本でも、過去に似たような土地バブルとその崩壊がありました。しかし、今回のアメリカの住宅バブルは、日本の例とは違って、貸し倒れの危険を分散させるために証券化され、世界中の多くの金融機関に組み入れられていたのです。

証券化商品は次第に複雑化し、リスクの判断が極めて難しいものになっていました。たとえば問題が起こる直前、住宅ローン担保証券（RMBS）の格付けはAAA（トリプルA）でした。同じ時期、債務担保証券（CDO）の格付けもトリプルＡでした。同じトリプルＡでも、じつは後者のほうが信用度が低いのですが、見た目には非常に分かりにくいものになっていました。

こうした証券化商品も、住宅バブルが続いているうちは問題なかったのですが、それがはじけた途端、世界中に金融危機が拡散してしまったのです。

バブルの発生と崩壊は、資本主義社会では避けられない普遍的な現象ですが、世界中の緊密な「つながり」が、問題をこれほど大きなものにしてしまったのです。この「つながり」が、べき分布の背後にあるメカニズムを解明する鍵になります。

山火事のめぐみ——反比例の法則

図17・3は、何のグラフだと思いますか？

答えは、アメリカ・オレゴン州で1989年から1996年までの8年間、2週間ごとの山火事の回数（縦軸は正確にはその平方根）を記録したものです。山火事が周期的に起きていることが分かりますね。

会話編で譲二が「金融と山火事のメカニズムは似ているかもしれない」などとつぶやいていましたが、それはいったいどういうことなのでしょう。

山火事は、自然にとっては不可欠の現象です。森林が深く茂っていると、地面近くまで太陽の

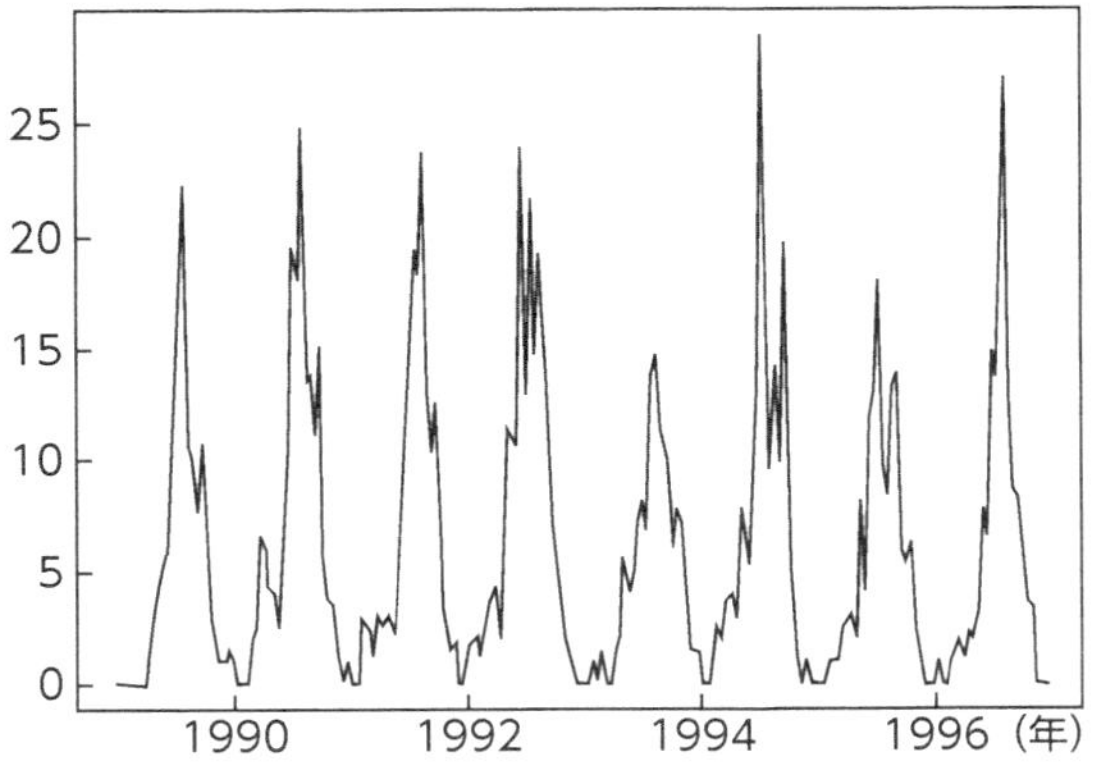

［図17・3］　これは何のグラフ？[*21]

光が届きにくいわけですが、ひとたび山火事が起きると、焼け跡には光が当たり、焼けた落ち葉や小枝などの有機物は、その後に生えてくる植物の栄養分となります。さらに、害虫（樹木にとってという意味ですが）も死滅し、樹木が再び生えるのに格好の環境が用意されることになります。

それればかりか、山火事があることを利用して、上手に繁殖するものもあります。マツ科のロッジポールパインと呼ばれる植物の種には2種類あり、普通に芽を出すもののほかに、表面が硬く、普段は発芽しないけれど、山火事で高温になると発芽するものがあるのです。これは、山火事のあと、繁殖に有利な土壌が広がることを利用しているわけです。

ところで、大規模な山火事と小規模な山火事では、どちらが起こりやすいかといえば、当然、小規模な山火事です。焼失面積が大きくなればなるほど、その頻度は小さくなっていきます。

しかし、科学雑誌『サイエンス』に掲載された詳しい研究によれば、「頻度が小さくなるとはいえ、普通に想像するよりも、ずっとゆっくりである。また、一定時間の間に山火事の起きる頻度は、焼失面積にほぼ反比例する」というのです。[*22]

山火事の規模（面積）と山火事の頻度がほぼ反比例するという事実。これはつまり、どのように山火事が起きたとしても、「燃えてしまう土地の面積の合計は、結局のところあまり変わらない」ということを意味します。

しかし、山火事が長い間起きないとどうなるでしょうか。枯れ木や倒木、落ち葉などが地面に蓄積されていきます。これらは、木質燃料と呼ばれています。木質燃料が大量に蓄積された大地にひとたび火がつくと、急速に燃え広がります。その結果、燃えた面積が同じでも、自然に与える影響は大きく異なります。木質燃料があまり蓄積されていない状態であれば、焼けた樹木は、土壌の栄養分となります。しかし燃料が多すぎれば、地面まで焼き尽くしてしまうのです。

つまり山火事は、小規模なものが繰り返し起きているほうが、自然にとって好都合だといえるでしょう。

これは、山火事を防ごうと努力することで、かえって問題を深刻化してしまうことも意味します。このことに気づいて、アメリカでは山火事を無理に防ぐのをやめたそうです。賢明な判断ですね。[*23]

またこの研究では、「焼失面積と頻度の関係は、ほぼ反比例する」とも述べています。これは、山火事が一種のべき分布になっていることを意味します。そして、「極端に大規模な山火事が起きやすい」ということでもあります。

世界金融危機は、もちろん山火事ほど単純な現象ではありません。しかし、飛び火の仕方や、蓄積された矛盾が一気に露呈して大きな被害を生むという点で、べき分布的です。

●スモールワールド性

山火事の場合、どこかで発火すると、近くの木に燃え移りながら火が広がっていきます。[*24] 金融の場合には、森林のように近くの危機(森林でいえば木)が目に見えるというわけではありません。しかし、金融上のさまざまな「つながり」を「グラフ」と呼ばれる図形で表現してみると、山火事との類似点が見えてきます。

次のアイデアは、私が最初に思いついたのではなく、日銀レビュー「国際金融ネットワークからみた世界的な金融危機」(2009-J-9)などにも類似のモデルが取り上げられています。

図17・5の点(ノード)ひとつひとつが、各国の金融機関だと思ってください。それらをつなぐ線(エッジ)は、金融機関同士のつながりを表します。「つながりとは何か」を厳密に定義す

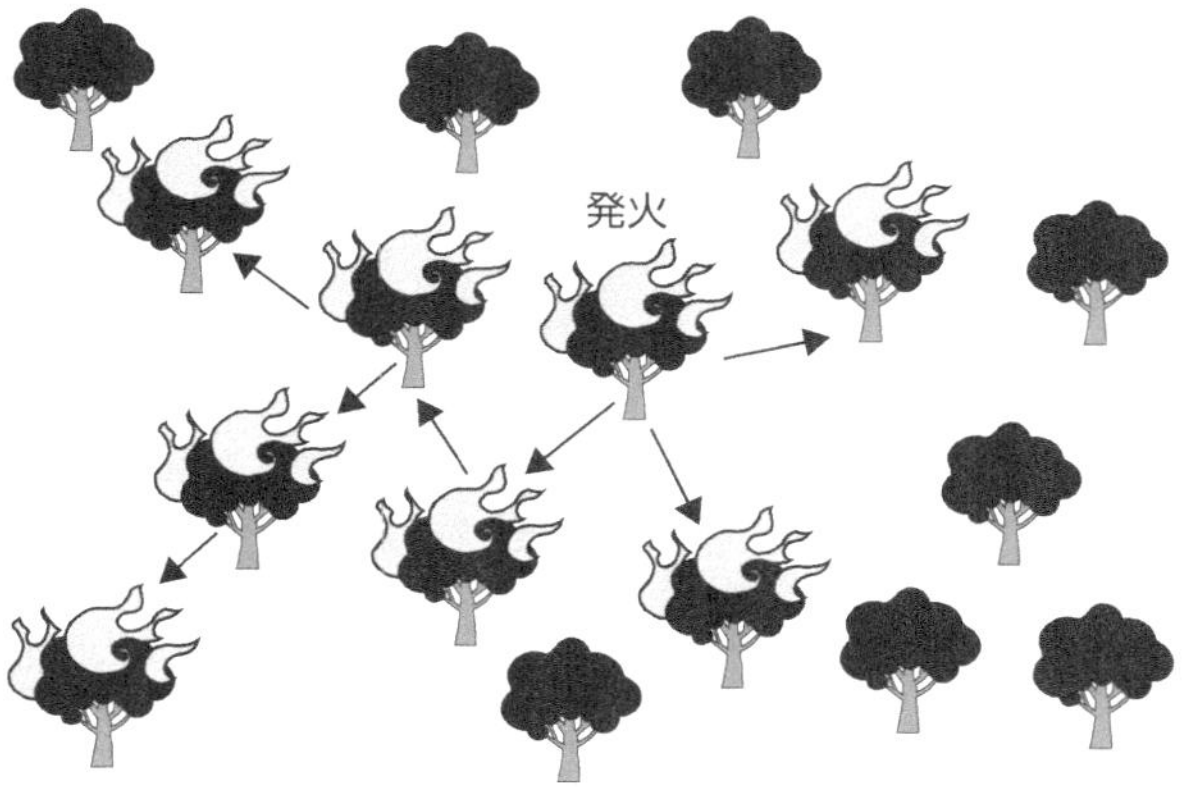

［図17・4］　山火事のメカニズム

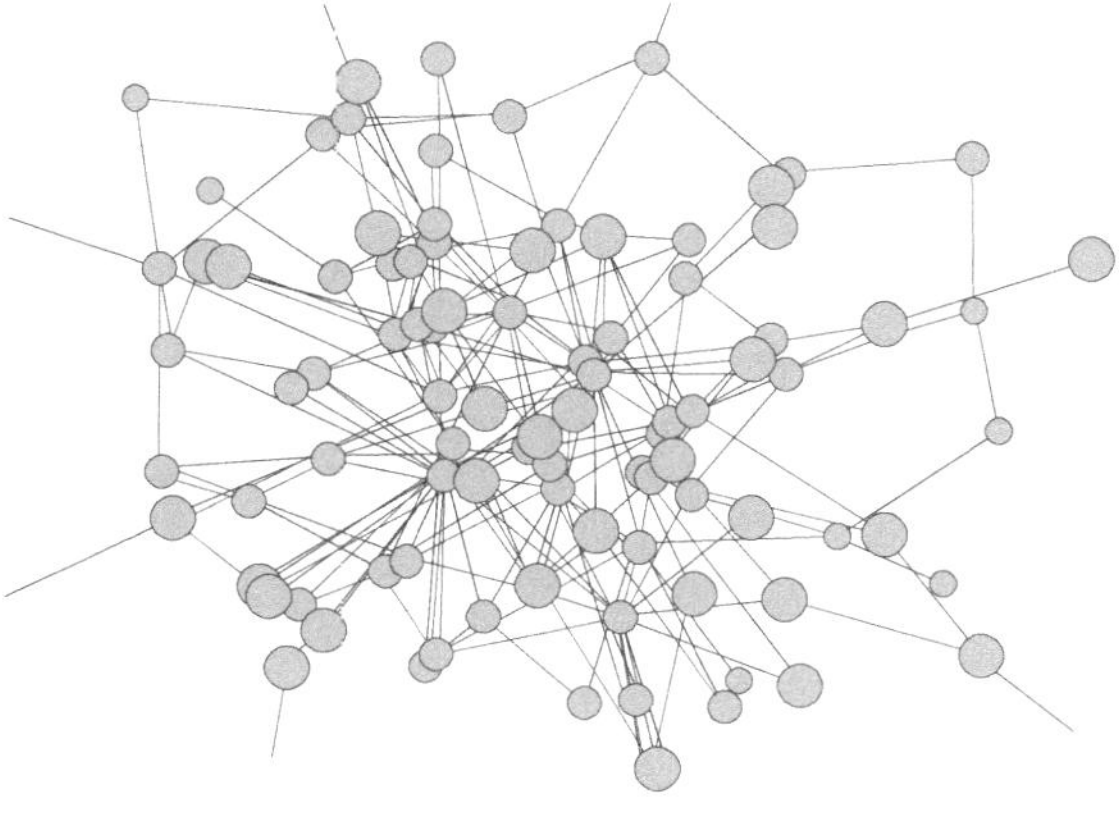

［図17・5］　金融のネットワーク

るのは難しいのですが、ここでは比較的大きな取引があるといった程度の意味だと思ってください。

グラフで表現された金融ネットワークは、実際の距離とは関係がありません。相互につながりがあるかないかだけが問題です。どこかの金融機関で事件があると、つながりのある他の金融機関に影響が出ます。山火事と同じように、火が広がっていくわけです。金融機関同士が密接に結びつけば結びつくほど、1ヵ所の事件が全体に影響を及ぼす可能性も高まります。

こんどは、社会ネットワークの研究を見てみましょう。

これまでの研究によれば、人間同士のネットワークは「スモールワールド性」と呼ばれる性質を持っています。多くの人同士が、平均すると6〜7人程度の隔たりしかないのです。

勝手に選んだ2人——誰でもいいですが、バラク・オバマと私でもいいし、ローマ法王と田中実さん（仮名）でもかまいません——がどのくらいの人間関係でつながっているかを調べます。それぞれの知り合いを調べ、またその知り合いを調べ、ということを繰り返すわけです。そして、2人がつながったところでその隔たりを平均すると、約6人ということがわかりました。つまり、たった6人の知り合いを経ただけで、オバマさんと私がつながってしまう可能性が高いのです。驚異です。

こうした傾向が見られるのは、人間関係だけではありません。図17・6は、無作為に選んだ2

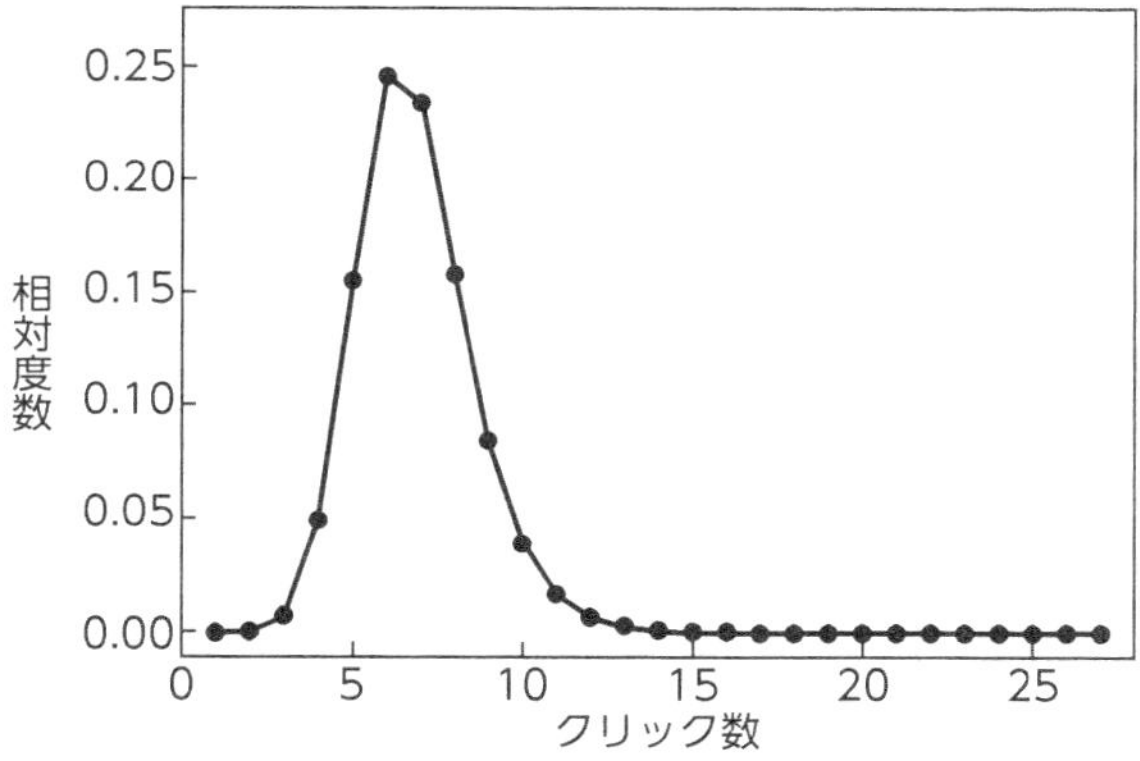

［図17・6］　ブログ間の最短距離（リンク数）の分布

つのブログが何クリックでつながっているかを調べた結果です。[*25] この場合、いちばん多いのが6クリックで、平均はこれよりちょっと大きくて6・84。つまり、どんなブログとブログでも、6クリックでつながっていることがもっとも多く、平均すると約7クリックでつながっているということになります。

もし、こうしたつながり方が金融機関のネットワークにも適用できるのだとしたら、「1ヵ所の金融機関で起きた事件が、全体に広がる可能性はかなり大きい」ということになります。

問題は、この「金融機関のネットワーク（実際には、他の企業や政府も関係しているのでより複雑ですが）がどのようにつながっているのか、実際のところがなかなか分からない」ということでしょう。もし、金融ネットワークの構造が完全に分かっていれば、山火事と同じように、問題が大きくなる前に適当に小さな金融危機が起きるにまかせて、被害が深刻化するのを防げる——かもしれません。

●科学者的進化論

もうひとつ、山火事の例から考えられること。それは、競争力のなくなった企業に税金を投入するなどして無理に延命するのは、必ずしも良いことではないのではないか、ということです。山火事が周期的に起きるのは、新しい芽が育つために、古木が山火事で焼け落ちる必要があることを意味しています。時代が変わるとともに、新たな状況に適応できない企業が退場していかないと、時代に適応した企業が育たないのではないか。そんなことを考えさせられます。古いシステムを無理に延命させた結果、経済状態は深刻さを増し、取り返しのつかない大崩壊を招くことになるのかもしれません。

真の優良企業は、何度も生まれ変わっています。小さな失敗があったとしても、それまでの古い自分を滅ぼせば、新しい時代へ適応することが可能になるのです。

まるで、蓄積した木質燃料が一気に燃え上がるように。

謝辞

本書をまとめるにあたり、2名の社会学者、神林博史氏（東北学院大学）、塩谷芳也氏（京都産業大学）の査読を受け、有益なコメントを多数いただきました。また、講談社の篠木和久氏は、企画から出版まで的確な伴走者となって下さいました。本書が少しでも分かりやすくなっているとすれば、それは彼らの功績です。

本書に残る間違いや偏見は、すべて筆者の責任です。

２０１１年４月

神永正博

巻末注

注１ Prenatal Screening for Down Syndrome より（http://www.ds-health.com/prenatal.htm）

注２ 歴史的には、ガウスが最小2乗法を考えた際に、誤差が独立で正規分布に従うと仮定すると、誤差の確率密度は正規分布の確率密度の掛け算になり、その形から、誤差の2乗の和が自然に出てきたことによります。これが標準偏差（分散）の定義が自然なものと考えられることの本当の理由ですが、ここでは数式を極力避けるため省略しています。ただ、思いつくままに2乗して平均を取ったわけではないことは覚えておくといいと思います。

注３ 正確には、サンプルサイズによって相関係数の意味が変わりますが、これについては、より進んだ統計学の教科書を参照ください。

注４ 厳密に言うと、相関係数（スピアマンの積率相関係数）は、２つの変量が正規分布することを仮定したものなので、ここに挙げた例の相関係数を調べるのは適切とはいえません。あくまで誤解されやすい例として挙げました。なお、正規分布を仮定せずに相関を測定する方法に、スピアマンの順位相関係数、ケンドールの順位相関係数などがあります。

注５ たとえば30問の場合は平均点が15点になるので、各データから15点を引いて平均を0とします。さらに横の広がりを表す標準偏差（約２・７３８６１３）で割ります。正解確率がｐのとき、標準偏差は$\sqrt{Np(1-p)}$になります。30問のときの標準偏差は、N＝30, p＝0.5と置いたものです。

注６ 数学的には分散共分散行列で定まる二次形式の最小化問題を解くことになります。ちなみに、金融

工学の世界では、縦軸と横軸をひっくり返して、放物線が寝ているように描くのが習慣のようですが、ここでは見慣れた形式で描きました。

注7 ただし、2×2のクロス表

a	b
c	d

において、|ad−bc|≦N/2（N=a+b+c+d）のときは、カイ2乗値は0とします。たとえば、ad−bc=0のときは補正なしのカイ2乗値は0で、この値が正しいのですが、イエーツの補正をすると0ではなくなります。このようなことを避けるためです。

注8 興味のある方は、イエーツの補正への反論に対して、イエーツ自身が反論した論文「F. Yates, Tests of significance for 2×2 contingency tables. J. R. Statist. Soc. A 147 (1984), pp.426-463.」をご覧ください。40年以上も続いた議論の一端を垣間見ることができます。

注9 ちょっと細かいですが、実際にBMIが大きいほど収入が多くなる傾向があることを示すには、回帰直線の傾きが0でないかどうかを調べなければなりません。これには、傾きの範囲（たとえば95%信頼区間など）を求め、そこに0が含まれていないことを確かめる必要があります。

注10 群馬大学の青木繁伸先生のサイトからいただきました。http://aoki2.si.gumma-u.ac.jp/DataLibrary/

注11 これは有名なデータですが、文献によって数字が違います。ここでは、Ladislaus Bortkiewicz, Das Gesetz der kleinen Zahlen, 1898, p.24 のデータを確認の上引用しました。なお、東京大学出版会『統計学入門』116ページの表6・2で参照されているのは、同書の25ページのデータで、このデータで

は、平均は０・６１になります。また、竹村彰通『統計』（共立出版、１９９７年）で引用されている表は、表12・２と同じものです。

注12 じつは、対数を取らずに株価データをヒストグラムにしてみると、正規分布に近い分布になり、一見しただけでは正規分布でない理由は分からないでしょう。これは、$|x|$が小さいときに成り立つ近似式$\log(1+x) \fallingdotseq x$からくるものです。

注13 そのような人は存在しますが、外れ値とみなして処理しても問題ありません。もっとも、本当に０に近い身長、例えば10センチ以下の成人は実際には存在しないでしょう。

注14 本当に０になったときは倒産したと考えられますが、これは確率論的には一段難しいモデルになります。この仮定では、一度０になったら、その後はずっと０のままということになります（これを「０が吸収壁である」と表現します）。

注15 Xavier Gabaix, Parameswaran Gopikrishnan, Vasiliki Plerou and H. Eugene Stanley, A theory of power-law distributions in financial market fluctuations, Nature 423, 267-270（15 May 2003）

注16 John H.J. Einmahl and Jan R. Magnus,Records in Athletics Through Extreme-Value Theory, Journal of the American Statistical Association, December 2008, Vol. 103, No.484, Application and Case Studies

注17 分布の形を正確に決めるには、位置を決める指標も必要になりますが、形はＥＶＩだけで決まります。

注18 これは論文で使われている用語で、S. Coles, An Introduction to Statistical Modeling of Extreme

Values, Springer-Verlag, 2001では、shape parameterと呼んでいます。

注19　これは分布の偏り方によります。左に偏っていれば、上限ではなく下限があることになります。

注20　深尾光洋　http://www.gyoukaku.go.jp/genryoukouritukа/dai65/shiryou1.pdf

注21　D.R. Brillinger, H.K. Preisler and J.W.Benoit, Risk Assessment: a Forest fire Example, Lecture Notes-Monograph Series, Vol.40, Beachwood, OH: Institute of Mathematical Statistics, 2003.

注22　焼失面積をAとしたとき、頻度は、$A^{-\alpha}$（$\alpha = 1 \sim 1.2$）に比例します。B.D.Malamud, G.Morain, and D.L. Turcotte, Forest Fires: An Example of Self-organized Critical Behavior, Science Vol.281, 18 Sept. 1998.

注23　『歴史は「べき乗則」で動く』（マーク・ブキャナン著、水谷淳訳、ハヤカワ文庫ＮＦ）によります。

注24　これは、統計物理学でパーコレーションと呼ばれるモデルと同様の考え方です。たとえば、B. Porterie, N. Zekri, J. P. Clerc, and J. C. Loraud, "Modeling forest fire spread and spotting process with small world networks", Combustion and Flame,vol. 149, pp. 63-78, 2007. にモデルの詳細があります。

注25　Feng Fu, Lianghuan Liu, Long Wang, Empirical analysis of online social networks in the age of Web 2.0, Physica A 387（2008）, pp.675-684

〈ま・や行〉

〈ら・わ行〉

〈た・な行〉

〈は行〉

〈さ行〉

さくいん

〈数字・アルファベット〉

〈あ行〉

〈か行〉

N.D.C.417　246p　18cm

ブルーバックス　B-1724

ウソを見破《みやぶ》る統計学《とうけいがく》

退屈させない統計入門

2011年4月20日　第1刷発行
2025年6月17日　第14刷発行

著者　神永正博《かみながまさひろ》
発行者　篠木和久
発行所　株式会社講談社
〒112-8001 東京都文京区音羽2-12-21
電話　出版　03-5395-3524
販売　03-5395-5817
業務　03-5395-3615
印刷所　（本文表紙印刷）株式会社ＫＰＳプロダクツ
（カバー印刷）信毎書籍印刷株式会社
本文データ制作　講談社デジタル製作
製本所　株式会社ＫＰＳプロダクツ

定価はカバーに表示してあります。

ISBN978−4−06−257724−3

発刊のことば

科学をあなたのポケットに

二十世紀最大の特色は、それが科学時代であるということです。科学は日に日に進歩を続け、止まるところを知りません。ひと昔前の夢物語もどんどん現実化しており、今やわれわれの生活のすべてが、科学によってゆり動かされているといっても過言ではないでしょう。

そのような背景を考えれば、学者や学生はもちろん、産業人も、セールスマンも、ジャーナリストも、家庭の主婦も、みんなが科学を知らなければ、時代の流れに逆らうことになるでしょう。

ブルーバックス発刊の意義と必然性はそこにあります。このシリーズは、読む人に科学的に物を考える習慣と、科学的に物を見る目を養っていただくことを最大の目標にしています。そのためには、単に原理や法則の解説に終始するのではなくて、政治や経済など、社会科学や人文科学にも関連させて、広い視野から問題を追究していきます。科学はむずかしいという先入観を改める表現と構成、それも類書にないブルーバックスの特色であると信じます。

一九六三年九月

野間省一

ブルーバックス　数学関係書（II）

1704	高校数学でわかる線形代数	竹内　淳
1724	ウソを見破る統計学	神永正博
1738	物理数学の直観的方法（普及版）	長沼伸一郎
1740	マンガで読む　計算力を強くする	がそんみほ＝マンガ　銀杏社＝構成
1743	大学入試問題で語る数論の世界	清水健一
1757	高校数学でわかる統計学	竹内　淳
1764	新体系　中学数学の教科書（上）	芳沢光雄
1765	新体系　中学数学の教科書（下）	芳沢光雄
1770	連分数のふしぎ	木村俊一
1782	はじめてのゲーム理論	川越敏司
1784	確率・統計でわかる「金融リスク」のからくり	吉本佳生
1786	「超」入門　微分積分	神永正博
1788	複素数とはなにか	示野信一
1795	シャノンの情報理論入門	高岡詠子
1808	算数オリンピックに挑戦　'08〜'12年度版	算数オリンピック委員会＝編
1810	不完全性定理とはなにか	竹内　薫
1818	オイラーの公式がわかる	原岡喜重
1819	世界は2乗でできている	小島寛之
1822	マンガ　線形代数入門	鍵本　聡＝原作　北垣絵美＝漫画
1823	三角形の七不思議	細矢治夫
1828	リーマン予想とはなにか	中村　亨
1833	超絶難問論理パズル	小野田博一
1841	難関入試　算数速攻術	松島りつこ＝画　中川　塁
1851	チューリングの計算理論入門	高岡詠子
1880	非ユークリッド幾何の世界　新装版	寺阪英孝
1888	直感を裏切る数学	神永正博
1890	ようこそ「多変量解析」クラブへ	小野田博一
1893	逆問題の考え方	上村　豊
1897	算法勝負！「江戸の数学」に挑戦	山根誠司
1906	ロジックの世界	ダン・クライアン／シャロン・シュアティル／ビル・メイブリン＝絵　田中一之＝訳
1907	素数が奏でる物語	西来路文朗／清水健一
1917	群論入門	芳沢光雄
1921	数学ロングトレイル「大学への数学」に挑戦	山下光雄
1927	確率を攻略する	小島寛之
1933	「P≠NP」問題	野崎昭弘
1941	数学ロングトレイル「大学への数学」に挑戦　ベクトル編	山下光雄
1942	数学ロングトレイル「大学への数学」に挑戦　関数編	山下光雄
1961	曲線の秘密	松下泰雄
1967	世の中の真実がわかる「確率」入門	小林道正

ブルーバックス　数学関係書(Ⅲ)

1968	脳・心・人工知能	甘利俊一
1969	四色問題	一松　信
1984	経済数学の直観的方法　マクロ経済学編	長沼伸一郎
1985	経済数学の直観的方法　確率・統計編	長沼伸一郎
1998	結果から原因を推理する「超」入門ベイズ統計	石村貞夫
2001	人工知能はいかにして強くなるのか?	小野田博一
2003	素数はめぐる	西来路文朗／清水健一
2023	曲がった空間の幾何学	宮岡礼子
2033	ひらめきを生む「算数」思考術	安藤久雄
2035	現代暗号入門	神永正博
2036	美しすぎる「数」の世界	清水健一
2043	理系のための微分・積分復習帳	竹内　淳
2046	方程式のガロア群	金重　明
2059	離散数学「ものを分ける理論」	徳田雄洋
2065	学問の発見	広中平祐
2069	今日から使える微分方程式　普及版	飽本一裕
2079	はじめての解析学	原岡喜重
2081	今日から使える物理数学　普及版	岸野正剛
2085	今日から使える統計解析　普及版	大村　平
2092	いやでも数学が面白くなる	志村史夫
2093	今日から使えるフーリエ変換　普及版	三谷政昭
2098	高校数学でわかる複素関数	竹内　淳
2104	トポロジー入門	都築卓司
2107	数学にとって証明とはなにか	瀬山士郎
2110	高次元空間を見る方法	小笠英志
2114	数の概念	高木貞治
2118	道具としての微分方程式　偏微分編	斎藤恭一
2121	離散数学入門	芳沢光雄
2126	数の世界	松岡　学
2137	有限の中の無限	西来路文朗／清水健一
2141	今日から使える微積分　普及版	大村　平
2147	円周率 π の世界	柳谷　晃
2153	多角形と多面体	日比孝之
2160	多様体とは何か	小笠英志
2161	なっとくする数学記号	黒木哲徳
2167	三体問題	浅田秀樹
2168	大学入試数学　不朽の名問100	鈴木貫太郎
2171	四角形の七不思議	細矢治夫
2178	数式図鑑	横山明日希
2179	数学とはどんな学問か?	津田一郎
2182	マンガ　一晩でわかる中学数学	端野洋子
2188	世界は「e」でできている	金　重明

ブルーバックス　数学関係書（Ⅳ）

ブルーバックス　趣味・実用関係書(I)

35 計画の科学　加藤昭吉
733 紙ヒコーキで知る飛行の原理　小林昭夫
921 自分がわかる心理テスト　芦原　睦／桂　戴作＝監修
1063 自分がわかる心理テストPART2　芦原　睦＝監修
1073 へんな虫はすごい虫　安富和男
1084 図解　わかる電子回路　加藤　肇／見城尚志／高橋　久
1112 頭を鍛えるディベート入門　松本　茂
1234 子どもにウケる科学手品77　後藤道夫
1245 「分かりやすい表現」の技術　藤沢晃治
1273 もっと子どもにウケる科学手品77　後藤道夫
1284 理系志望のための高校生活ガイド　鍵本　聡
1307 理系の女の生き方ガイド　宇野賀津子／坂東昌子
1346 図解　ヘリコプター　鈴木英夫
1352 確率・統計であばくギャンブルのからくり　谷岡一郎
1353 算数パズル「出しっこ問題」傑作選　仲田紀夫
1364 理系のための英語論文執筆ガイド　原田豊太郎
1366 数学版　これを英語で言えますか?　E・ネルソン＝監修　保江邦夫
1368 論理パズル「出しっこ問題」傑作選　小野田博一
1387 「分かりやすい説明」の技術　藤沢晃治
1396 制御工学の考え方　木村英紀
1413 『ネイチャー』を英語で読みこなす　竹内　薫

1420 理系のための英語便利帳　倉島保美／榎本智子　黒木　博＝絵
1443 「分かりやすい文章」の技術　藤沢晃治
1478 「分かりやすい話し方」の技術　吉田たかよし
1493 計算力を強くする　鍵本　聡
1516 競走馬の科学　JRA競走馬総合研究所＝編
1520 図解　鉄道の科学　宮本昌幸
1536 計算力を強くするpart2　鍵本　聡
1552 「計画力」を強くする　加藤昭吉
1553 図解　つくる電子回路　加藤ただし
1573 手作りラジオ工作入門　西田和明
1596 理系のための人生設計ガイド　坪田一男
1623 「分かりやすい教え方」の技術　藤沢晃治
1629 計算力を強くする　完全ドリル　鍵本　聡
1630 伝承農法を活かす家庭菜園の科学　木嶋利男
1653 理系のための英語「キー構文」46　原田豊太郎
1660 図解　電車のメカニズム　宮本昌幸＝編著
1666 理系のための「即効!」卒業論文術　中田　亨
1671 理系のための研究生活ガイド　第2版　坪田一男
1676 図解　橋の科学　土木学会関西支部＝編　田中輝彦／渡邊英一　他
1688 武術「奥義」の科学　吉福康郎
1695 ジムに通う前に読む本　桜井静香

ブルーバックス　趣味・実用関係書(III)

2064 心理学者が教える　読ませる技術　聞かせる技術　海保博之
2089 世界標準のスイングが身につく科学的ゴルフ上達法　板橋　繁
2111 作曲の科学　フランソワ・デュボワ　井上喜惟＝監修　木村　彩＝訳
2113 ウォーキングの科学　能勢　博
2118 道具としての微分方程式　偏微分編　斎藤恭一
2120 子どもにウケる科学手品　ベスト版　後藤道夫
2131 世界標準のスイングが身につく 科学的ゴルフ上達法　実践編　板橋　繁
2135 アスリートの科学　久木留　毅
2138 理系の文章術　更科　功
2149 日本史サイエンス　播田安弘
2151 「意思決定」の科学　川越敏司
2158 科学とはなにか　佐倉　統
2170 理系女性の人生設計ガイド　大隅典子　大島まり　山本佳世子

ブルーバックス12cmCD-ROM付

BC07 ChemSketchで書く簡単化学レポート　平山令明

ブルーバックス　技術・工学関係書(I)

- 495 人間工学からの発想　小原二郎
- 911 電気とはなにか　室岡義広
- 1084 図解 わかる電子回路　加藤 肇／見城尚志／高橋 久
- 1128 原子爆弾　山田克哉
- 1236 図解 飛行機のメカニズム　柳生 一
- 1346 図解 ヘリコプター　鈴木英夫
- 1396 制御工学の考え方　木村英紀
- 1452 流れのふしぎ　日本機械学会＝編　石綿良三／根本光正＝著
- 1469 量子コンピュータ　竹内繁樹
- 1483 新しい物性物理　伊達宗行
- 1520 図解 鉄道の科学　宮本昌幸
- 1545 高校数学でわかる半導体の原理　竹内 淳
- 1553 図解 つくる電子回路　加藤ただし
- 1573 手作りラジオ工作入門　西田和明
- 1624 コンクリートなんでも小事典　土木学会関西支部＝編　井上 晋 他
- 1660 図解 電車のメカニズム　宮本昌幸＝編著
- 1676 図解 橋の科学　土木学会関西支部＝編　田中輝彦／渡邊英一 他
- 1696 ジェット・エンジンの仕組み　吉中 司
- 1717 図解 地下鉄の科学　川辺謙一
- 1797 古代日本の超技術 改訂新版　志村史夫
- 1817 東京鉄道遺産　小野田 滋
- 1845 古代世界の超技術　志村史夫
- 1866 暗号が通貨《カネ》になる「ビットコイン」のからくり　吉本佳生／西田宗千佳
- 1871 アンテナの仕組み　小暮裕明／小暮芳江
- 1879 火薬のはなし　松永猛裕
- 1887 小惑星探査機「はやぶさ2」の大挑戦　山根一眞
- 1909 飛行機事故はなぜなくならないのか　青木謙知
- 1938 門田先生の3Dプリンタ入門　門田和雄
- 1940 すごいぞ！ 身のまわりの表面科学　日本表面科学会
- 1948 すごい家電　西田宗千佳
- 1950 実例で学ぶRaspberry Pi電子工作　金丸隆志
- 1959 図解 燃料電池自動車のメカニズム　川辺謙一
- 1963 交流のしくみ　森本雅之
- 1968 脳・心・人工知能　甘利俊一
- 1970 高校数学でわかる光とレンズ　竹内 淳
- 2001 人工知能はいかにして強くなるのか？　小野田博一
- 2017 人はどのように鉄を作ってきたか　永田和宏
- 2035 現代暗号入門　神永正博
- 2038 城の科学　萩原さちこ
- 2041 時計の科学　織田一朗
- 2052 カラー図解 Raspberry Piではじめる機械学習　金丸隆志